DX Ready

基幹システム刷新術

The Art of Core System Innovation

小野里樹　　鈴木庸介

日経BP

はじめに

DX が成果を生み出さない原因は何か？

　DX（Digital Transformation）とはデジタルデータを活用する業務変革・ビジネス変革であり、それを実践するために、多くの企業ではおおもとのデータを保管する基幹システムのモダナイゼーションを進めています。ただ、残念ながらDXの大きな成果を得ている企業は少ないのが実情です。

　DXの成果が出ないのは、データを活用する側の問題——。今、この本を手に取ったあなたは、そう、言い切れるでしょうか？

　筆者は、DXが大きな成果を生み出していない理由の一つは、基幹システムにあると考えています。例えば、システムトラブル時に致し方なくパッチしたようなイレギュラーなデータなど、残っていないでしょうか。似たようなデータがあるにもかかわらず、現行機能を保証するために、名寄せをせずにそのままデータを二重持ちにしていることはないでしょうか。データの業務上の意味や関係性、必要性すら分からなくなってしまったデータはないでしょうか。

　もし会社の上位層が、現場のデータを正しく分析して課題と施策を考える場合、現場のデータは品質の良い生データである必要があります。その生データとは、基幹システムが保有している、品質が確保されたデータに他なりません。前述したような、いわゆる"ごみデータ"がある状況では、間違ったデータで分析する可能性があり、大きな成果を出す変革はとても困難です。

偉そうに書いていますが、筆者自身、少し前までとても胸を張れる状態ではありませんでした。筆者は大手メーカーの基幹システムを担当するエンジニアで、過去には基幹システムを老朽更新する際のデータ移行時に、"ごみデータ"のお掃除をしていました。そのデータ作業自体、長年システムを維持してきた有識者に大きく依存し、どのようなデータがあるのか、その管理すらできていませんでした。

　また、基幹システムの内部に目を向けると、問題はデータ品質だけでなく、システムのプログラムロジックが複雑化し、業務変革どころか改善にもひと苦労している状態でした。

　こうした状態から抜け出すにはどうしたらいいのか——。筆者はこの課題に正面から取り組み、試行錯誤を繰り返して1つの考えにたどり着きました。それは、「データマネジメントの考え方を取り入れて、まずデータの問題を解決する」というアプローチです。

　一般的な基幹システムにはデータにもプログラム（機能）にも問題はあり、基幹システムを老朽更新する場合、プログラムに着目することが多いのですが、DXで成果を出すにはそれではうまくいかないと気付いたのです。先にデータの問題を解決できれば、プログラムロジックもシンプルにできてシステムも改善しやすく、業務への変化にも追随しやすくなります。

　データを活用して業務を改革する（＝DXを推進する）には、「基幹システムに保有しているデータの品質が高く、柔軟にプログラムを変化できる状態」になっていることが欠かせません。こうした状態を本書では「DX Ready」と呼んでいます。DXで成果を出せないでいるのは、基幹システムがDX Readyではないからです。基幹システムがDX Readyになっていて、初めてDXをGo（推進）することができるの

です。もし基幹システムのデータ品質やシステムの柔軟性に不安を感じるのであれば、早々にReady状態にする必要があります。

本書のターゲットと得られるメリット

　本書は、基幹システムを担当されている方、主にリーダーとして会社から基幹システムの固定費低減やデータ活用推進の指示を受けているものの、進め方に悩まれている方を想定して執筆しました。ユーザー企業の情報部門やSIer、業種や官民を問わず、基幹システムを担当されているすべての方を対象にしています。また、「基幹システム」と表現していますが、会社の業務データを扱う事務系システム全般が本書の対象になります。

　本書を読み終えると、基幹システムをDX Readyにするためのプロセスを理解し、実践できるようになります。そのことにより、現在担当しているシステムについて、DXへ向けたモダナイゼーションの企画立案から新しいシステムの構築、その後の維持・保守までをリーダーとして推進できるようになります。その前提として、基幹システムをDX Readyにすることの必要性と、DXへのつながりを説明できるようにもなります。

　なお本書では、システムのうちアプリケーション部分を対象としています。ハードウエアやOS、ミドルウエアなどのインフラ基盤に関するモダナイゼーションは本書の対象外となりますのでご注意ください。

本書の内容

　本書では、レガシーシステムといわれる基幹システムを、DXへつながるようにモダナイゼーションするための一連のプロセス、再構築の企画構想からシステム再構築（開発）、維持・保守までを説明しています。

第1章では、現行の基幹システムが抱えている課題認識から入り、「DX Ready」とは何かを定義しています。そして、第2章と第3章で基幹システムをDX Readyにする方法を、筆者の実経験を基にまとめたプロセスを説明しています。

　第2章では現行の基幹システムで保有しているデータの分析方法、分析結果からデータの問題を見つけ、そこから業務とシステムの課題へひも付ける観点を説明しています。そして、見つけた課題から対応策の検討、再構築プロジェクトとして起案するまでのプロセスとポイントを説明しています。各プロセスの説明では、なるべく実践的になるように、各プロセスで直面する課題とその対応策にも言及しています。

　第3章では、実際にシステムを構築するプロセスを説明しています。第2章で立案した対応策をシステムへ実装するための方法とポイントになります。システムの開発手順については、各社に慣れ親しんだ開発手順が整備されていると想定されたため、既存の開発手順をすべて置き換えるのではなく、既存の各社の開発手順に組み込めるように留意しました。具体的には、各開発工程において、対応策を基にデータ品質を高め、そこからシンプル・スリムにシステムを実装するためのプロセスとポイントを説明しています。

　第1章から第3章が既存基幹システム（＝レガシーシステム）をDX Readyにモダナイズする方法論であり、本書のメインとなります。

　第4章では、基幹システムをDX Readyにした後、DXの一歩目を踏み出すときの留意点に触れています。特に、業務を変革するために描いた将来のビジョンを、ビジョンだけに終わらせないことに注力しています。

そして最後の第5章とAppendixでは、本書に一貫して取り入れている「データマネジメント」について述べています。当方法論を実践する上で最低限必要となる知識について補完しています。また、より深いデータマネジメントの学びにつなげるために、データマネジメントの知識体系「DAMA-DMBOK（Data Management Body of Knowledge）」との関係を整理しています。

読者の皆さんへ

　DXを推進するには基幹システムをDX Readyにすることが重要だと考えていますが、DX ReadyとはDXの土台づくりであり、それだけでは重要性が理解されづらい側面があります。なぜなら、その効果が花開くのは、DXを実現できたときだからです。しかし、良質な土でないときれいな花を咲かせることはできません。また、良質な土づくの方法を一から模索するのは、愚直で、とても労力がかかります。

　筆者自身、1人で活動を始めた当初は、DXの土台づくをしたいという思いはありましたが、多少のデータモデリングの知識しかなく、活動の一時中断や中止の危機もありました。しかし、愚直に活動を続けた結果、小さいながら具体的な効果が言えるようになり、次第に社内外の仲間も増え、様々な知見を基に活動を進めて、最終的にはプロジェクトとして活動することができました。本書は、そのような泥臭い作業を振り返り、改めてプロセスとしてまとめたものになります。

　この本を手に取ってくださった方の中にも、同じ悩みや課題を持たれている方がおられるかもしれません。そのような方に、本書が一助になれば幸いです。

　DXはバズワードではありません。DXの重要なカギを握っているのは、基幹システムを担当している皆さんです。基幹システムはDX

には欠かせないものなのです。きっと、ここまで文章をお読みいただいた方は、自らの手で社内のDXを実現したいと思われている方だと思います。そして、この先に待ち構えるいくつもの困難な課題も突破していける方だとも思います。

　大丈夫です。最初は1人でも、自ら行動を起こし活動の情報を発信すれば仲間は増えていきます。その活動の傍らに、本書があれば筆者としてはこの上ない幸せです。本書と一緒に、DXへ向けた一歩を踏み出しましょう。

筆者を代表して
小野里樹

目次

第1章 基幹システムをDX Readyにする

第2章 DX Readyを実現する
企画／構想検討フェーズ

第 **3** 章 ┃ DX Readyを実現する
システム開発・維持フェーズ

第 **4** 章　**DX ReadyからDXへの道筋**

第 **5** 章　**データマネジメントとの関係**

Appendix データモデルの表記法と方法論

1-1-2 老朽更新では解消されない

　では、システムを老朽更新するときに、これらすべての課題を解決できているのでしょうか。残念ながら解決できていないのが実情です。よくある老朽更新のケースとして、ハードウエアの保守切れに伴い、老朽更新するケースがあります。その際、複雑さやブラックボックス、肥大化の課題は、解決されないケースが多いのが実情です。

　解決されない理由は、当面の課題であるサポート切れだけを解決するためのコストミニマム案を考案するためです。加えて、プログラムロジックの仕様が不明、かつ複雑なため、業務支障を恐れて「とりあえず現行踏襲」するケースが多いためです。

　そのためシステムを老朽更新しても、保守切れ以外の課題が解決されず、固定費が変わらない、むしろ上がるケースもあります。

　私たちは今、既存システムが抱える課題を解決できないまま、DXを推進しようとしているのです。

1-2 DX Readyの定義

1-2-1 本書のゴール

　本書のゴールは、「基幹システムをDXの準備ができている状態（＝DX Ready）にする」ことです。それはいったいどういう状態なのでしょうか。

　経済産業省によれば、DXとは「企業がビジネス環境の激しい変化に対応し、データとデジタル技術を活用して、顧客や社会のニーズを基に、製品やサービス、ビジネスモデルを変革するとともに、業務そのものや、組織、プロセス、企業文化・風土を変革し、競争上の優位性を確立すること」と定義しています。この定義で一番押さえないといけないことは「変革すること」です。

　基幹システムとはSoR（System of Record）とも呼ばれ、企業活動の記録を目的としたITシステムです。企業活動に伴うデータを保管しているわけですから、「DXを実践している」とは、ビジネスモデル変革において基幹システムが保有しているデータを活用している状態です。

　では、「DX Ready」とはどういう状態でしょうか。本書では「（1）シンプル・スリムである」「（2）データ品質が保たれている」と定義します。その他、データを全社横断的に活用する仕組みなども必要ですが、本書ではこの2点に絞って進めたいと思います。

1-1 基幹システムの現状課題

1-1-1 DXの障壁

「老朽化・複雑化・ブラックボックス化した既存の基幹システムがDX（デジタルトランスフォーメーション）を本格的に推進する際の障壁となる」

2018年、経済産業省は「DXレポート」において、このように警鐘を鳴らしました。DXの障壁となる、私たちが担当する基幹システムの「老朽化・複雑化・ブラックボックス化」とは、具体的には何を指すのでしょうか。

障壁①老朽化

「老朽化」とは、アプリケーションが稼働しているサーバーなどのハードウエアが保守切れとなること、または、そのハードウエア上で新しいオペレーティングシステムやアプリケーションの開発、稼働環境が構築できなくなることなどを指します。システムが老朽化すると、業務の変化に合わせたシステム改修をしづらくなるどころか、現行システムの安定稼働さえ危ぶまれます。

障壁②複雑化

「複雑化」とは、具体的には、アプリケーションのプログラムロジックの複雑化が挙げられます。もちろん、システムのハードウエア構成やネットワーク構成の複雑化もありますが、基幹システムでのDX障壁というと、プログラムロジックの複雑化が最初に思い浮かぶ人が多いのではないでしょうか。プログラムロジックが複雑化する要因は、多岐にわたります。

第 1 章

基幹システムを
DX Readyにする

例えば、昔のハードウエア、特にメモリーサイズの制約を受けたプログラムは開発した当初から複雑です。アプリケーションを修正する際、機能面の現行保証をするために、現行のプログラムをコピーして改修を加えることがあります。この手段は現行保証を容易にしますが、プログラムロジックは複雑化してしまいます。その時々の事情により、ロジックの複雑化は増していきます。

障壁③ブラックボックス化

　「ブラックボックス化」とは、プログラムのコードを読んでも、そのプログラムは何をしたいのか、本来の目的が分からなくなることです。分からなくなる理由の一つは、プログラムの目的や業務的な意味を記載している「仕様書」が、信頼できない状態になっていることです。

　なぜ信頼できない状態になるかというと、例えばシステムで不具合が発生し、その不具合を解消するためにプログラムを修正しなければならなかった場合、緊急対応が求められるためプログラムは修正するが仕様書の修正を後回しにしがちだからです。「後で仕様書を修正する」つもりでいても、他の問い合わせ対応などを優先してしまい、結局、仕様書は修正されないままになることがあります。こうしてプログラムと仕様書が一致せず、信頼できない仕様書になってしまうのです。

　さらに、人事異動や退職などによって、システム全体やプログラムの詳細を分かっている人がいなくなることで状況は悪化します。基幹システムは長期間動作し続けますので、たとえ基幹システムに詳しくても担当を外れ、別の人が新たな担当者になることがあります。そうなると新たな担当者は、プログラムを見て「仕様」を復元しないといけませんが、それは簡単なことではありません。

ユーザー部門を巻き込んで、「仕様」を復元することも難しいです。なぜなら、一般にユーザー部門の担当者はプログラムを読むことはできません。また、システム部門の担当者がプログラムロジックを日本語に翻訳した上でユーザー部門に確認しても、システム部門と同じく開発当時の担当が不在であるケースが多いため、プログラムロジックと業務をひも付けるのは至難の業だからです。ボタン押下などのシステム操作レベルで業務マニュアルが存在している場合、プログラムロジックと業務マニュアルをひも付け、仕様書を復元することができると思いますが、これは極めてまれなケースです。

　ここまで、「DXレポート」が指摘する3つのDXの障壁（「老朽化」「複雑化」「ブラックボックス化」）を説明しました。筆者は、もう一つ「肥大化」もあると考えています。

障壁④肥大化

　「肥大化」とは、長年の機能追加や改修の積み重ねにより、基幹システムのプログラムコードが長文（＝肥大）になることです。業務の変化に伴い、現在では使われない機能もありますが、そうした機能を実装しているプログラムコードを削除することはほとんどありません。削除には手間やコストがかかるので、業務に支障がなければ、不要な機能であっても、そのまま残しておくことが多いのです。

　基幹システムの「老朽化・複雑化・ブラックボックス化・肥大化」によって、保守切れハードウエアが個別にサポートを受けるための割り増し費用が必要になったり、プログラムロジックの複雑化やブラックボックス化、肥大化などによりメンテナンス負担が重くなったりし、現行システムを維持するための固定費は膨らむ一方です。

1-2-2　DX Readyの定義①シンプル・スリムなシステム

　「シンプル・スリムである」とは、基幹システムが現在の業務に必要最低限なスリムな機能をシンプルに構築した状態であることを意味します。なぜ「シンプル・スリムである」ことが必要かといえば、基幹システムの改修スピードを迅速にできるようにするためです。

　先ほどの経済産業省のDX定義にあるように、ビジネス環境の激しい変化に対応しなければなりません。DXとは「変化すること」なのです。では、変化に対応するには、どうすればいいでしょうか。「将来必要になる要件を予測し、あらかじめシステムに組み込んでおけばいい」と考える人もいるかもしれませんが、現在は変化の激しい時代です。朝令暮改と言えば大げさに聞こえるかもしれませんが、想定し切れない変化は起こるのです。「予測することに全力を注ぐ」より、「どんな変化にも対応できるようにする」アプローチが適しています。

　ビジネス変化が起こればそれを業務に落とし込み、それを基幹システムに反映させる、その時間をできるだけ短くするために、基幹システムはスリムであるべきなのです。スリムとは、余計なものがなく、最小限のプログラムコードで実装されている状態です。シンプル・スリムであれば、新たな機能追加にかかる時間は最小限で済みます。

　また「スリムである」というのは、変化への余力を生み出しているといえると思います。こう考えるのは、筆者が今の会社でたたき込まれた「トヨタ生産方式」に起因します。トヨタ生産方式といえば、ニンベンの付いた自働化やジャスト・イン・タイムなどが有名ですが、その根幹にあるのは「徹底したムダ取り」です。トヨタ生産方式にとって「ムダ」とは、「付加価値を高めない各種現象や結果」です。

トヨタ生産方式＝Toyota Production System（略:TPS）

ムダ＝「付加価値を高めない各種現象や結果」と定義

TPS 7つのムダ

1. つくり過ぎのムダ（トヨタ生産方式での最大のムダ）		
2. 手待ちのムダ	3. 運搬のムダ	4. 加工のムダ
5. 在庫のムダ	6. 動作のムダ	7. 不良をつくるムダ

＝情報領域

つくり過ぎのムダに着目・改善

図表1-1　7つのムダ

　7つのムダが定義されていて、その中で最大のムダが「つくり過ぎのムダ」です。このムダは、価値のないものをつくること自体のムダに加え、つくる過程での「手待ちのムダ」「運搬のムダ」「加工のムダ」「在庫のムダ」「動作のムダ」「不良をつくるムダ」など、その他6つのムダを生む要因にもなるため、最大のムダと定義されています（**図表1-1**）。

　そして、ここから先はあまり語られていませんが、ムダ取り自体が目的ではありません。ムダ取りは、変化への余力を生み出すことであり、これがトヨタ生産方式の真骨頂だと筆者は教わりました。

　残念ながら、現在の基幹システムが「スリムである」と言い切れる企業はほとんどないと思います。基幹システムはこれまでの企業活動に伴う機能を実装しており、当然、企業活動は変化しているので、旧機能から新機能への移行を何度も実施しています。ただ、旧機能は一部の部署で継続的に使うこともありますし、システムから取り除くには手間がかかりますので、たいていは新機能の実装が優先され、旧機能は組み込まれたままになっていることが多いのです。

また、多くの基幹システムには使われなくなった「データ」も存在します。筆者が経験して分かったことなのですが、システムをスリムにするには、機能よりデータに着目すべきです。一般的な基幹システムは、ユーザー（もしくは前工程のシステム）から入力されたデータを加工・登録・閲覧できるようにします。つまりプログラムコードはデータにひも付いており、業務上使われていないデータに対する処理は不要なはずです。データに注目すれば「不要なプログラムコード」を判定しやすいのです。

▎1-2-3　DX Readyの定義②データ品質の確保

　DX Readyの2つ目はデータ品質が確保されている状態です。例えばデータクレンジングなどを施していて、1つのIDに同一の顧客や個人の情報がすべて整理して保管されているような状態です。もし基幹システムのデータがクレンジングされていないと、基幹システムのデータを使う側が個々に処理する必要があり、短期間でのシステム開発を妨げてしまいます。DXに伴う新サービスは迅速に提供することが求められますが、データ品質が低いとそれができないのです。

　では、「データ品質が確保されている」とはどういう状態でしょうか。前述した「データクレンジング」は一つの例に過ぎず、デジタル庁が発行している『デジタル社会推進実践ガイドブックDS-468-1』によれば、「正確性」「完全性」「一貫性」など15個の評価軸があります。

　例えば「正確性」とは、住所が記述されるべき欄に電話番号が記述されているなど、意味的な誤りがないことです。同ガイドブックは行政機関向けですが、国際標準をベースにまとめられているので民間企業でも大いに参考になります（デジタル庁のウェブサイトから誰でもダウンロード可能です）。

1-3 基幹システムに「データマネジメント」を導入する理由

　基幹システムをDX Readyにするため、すなわち、基幹システムをシンプル・スリムにし、データ品質を確保している状態にするため、本書では、基幹システムの開発・維持フェーズに「データマネジメント」を導入することを推奨しています。

1-3-1 データとは

　データマネジメントを説明する前に、そもそもデータとは何か、この概念の整理から始めていきたいと思います。

　データの概念を捉えるときには、DIKWモデルが役立ちます。DIKWモデルは、下からデータ（Data）、情報（Information）、知識（Knowledge）、知恵（Wisdom）の順にピラミッド階層になっています（**図表1-2**）。

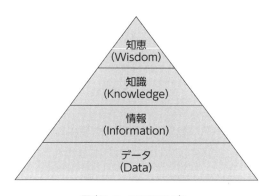

図表1-2　DIKWモデル

データ（Data）は、そのものだけでは意味を持ちません。例えば、「800」「ざるそば」「男性」などの数字や文字で表されたものがデータ（「生データ」と呼ぶ）です。

情報（Information）は、データ（Data）に解釈を加えたものです。例えば、「値段：800円」「商品名：ざるそば」「顧客：男性」などになります。

知識（Knowledge）は、たくさんの情報（Information）を基に得た結論です。例えば、「暑い日のランチは800円のざるそばが男性にたくさん注文される」などになります。

知恵（Wisdom）は、知識（Knowledge）を活用したものです。例えば、「暑い日は、冷たい麺類がたくさん注文される。女性客を増やすために冷製パスタもメニューに追加しよう」などです（そば屋がパスタを提供することはしないよ、という突っ込みは、ここではご了承いただきたい）。

基幹システムに置き換えると、システムで保有しているのがデータ（Data）です。それをデータの型や桁、意味などを定義した項目定義書と共に見ると情報（Information）になります。また、データの統計情報などから知識（Knowledge）として見解を得て、知恵（Wisdom）につなげているといえます。

1-3-2　データマネジメントとは

ここまでは「データ」にまつわる説明です。本書で注目している「データマネジメント」とは、企業活動で生み出されるデータ、多くは基幹システムに保管されているデータを、「企業のさらなる発展に

活用できる状態に維持するための計画や手順を作成し、実行、管理すること」です。

　基幹システムがDX Readyの状態になっている一つの条件として「データ品質の確保」を挙げました。企業の発展に活用できるレベルのデータ品質を保つための計画、実行、管理するのがデータマネジメントになります。

　なぜ、基幹システムにデータマネジメントを導入しなければならないのでしょうか。「データを活用するところでデータマネジメントを導入すればよいのではないか」という考えもあると思います。しかし筆者は、「基幹システムに導入すべきだ」と考えています。その理由は2つあります。

　1つ目の理由は、コストの問題です。基幹システムは、データの源泉です。もし源泉でデータ品質が悪いと、当然、データを利用する側でデータ品質を高めなければなりません。源泉は1つですが、利用側は複数であり、データ品質を高める活動を複数箇所で実施する必要があるのです。これは、コスト的にナンセンスです。

　2つ目の理由は、データ品質確保の問題です。利用側はデータの素性が分からないため、データの品質測定が正確にできません。データ品質を正確に確保できるのは、データの源泉である基幹システムしかないのです。

　では、データマネジメントを基幹システムに関わるどのフェーズに導入すればよいのでしょうか。筆者が推奨するのは、開発、維持するすべてのフェーズです。

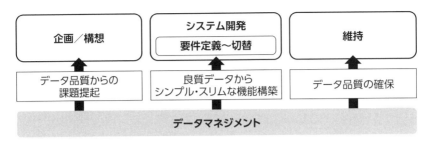

図表1-3　一般的な開発プロセスとデータマネジメントの関係

　基幹システムの一般的なプロセスに沿って説明すると、「企画／構想」フェーズで企業活動におけるデータを把握します。それを「システム開発」フェーズでシステムへ実装し、「維持」フェーズで継続します（**図表1-3**）。

　システム開発、維持フェーズの全般でデータを扱うことになりますので、あるフェーズでデータ品質が悪くなると、その後に続くフェーズでデータ品質劣化が起こり、開発コスト増大などの問題が発生します。そのような問題を防ぐため、全フェーズでデータマネジメントの導入を推奨しています。

第 2 章

DX Readyを実現する
企画／構想検討フェーズ

2-1 DX Readyへのアプローチ

2-1-1 本章のゴール

　本章のゴールは、「老朽化した基幹システムを刷新し、DX Ready にするためのシステム更新プロジェクトを起案する」ことです。もちろん、企業ごとに決裁基準があるので、本章で紹介する方法で必ず決裁してもらえると断言できませんが、少なくとも本書で定義するDX Readyな状態になるめどをつけ、起案できるようになります。

　第1章で説明したように、本書でいうDX Readyとは「シンプル・スリムで、データ品質が確保されている」ことを指します。本章は起案するまでの「企画／構想検討フェーズ」を対象としており※、より実践的となるように、起案書を作成する過程で直面する課題への対応を含めて、すべてのプロセスを紹介します。

※「システム開発」と「維持」については次章にて説明します。

2-1-2 スリム化に失敗するケース

　最初に、基幹システムを再構築する「企画／構想検討フェーズ」において、よくある失敗ケースを紹介します。それはDX Readyのうち「スリム化」に関することで、アクセスログを基に削除対象機能を特定するアプローチです。

　「アクセス数の少ない機能は削除対象である」として、利用頻度が低いことを理由にユーザー部門に「機能削除」を検討してもらうのです。実際、筆者は以前このアプローチで進めていましたが、ほとんど

うまくいきませんでした。例えば、「マスター情報の設定機能」（業務で扱うコードとその意味を設定する機能）があったとします。機能の位置付けからすると1年に数回しかアクセスされなくても不思議ではありませんが、当然のことながら機能を削除すると業務が成立しなくなります。アクセス数は単に機能にアクセスした数字であって、それだけでは業務上の要不要を読み解けないのです。

　「マスター関連以外なら、アクセス数で業務上の要不要を判断できるのでは？」と思う方がいるかもしれませんが、筆者の経験では、アクセス数を基に削除対象機能を洗い出すアプローチはほとんど機能削除に至りませんでした※。現状の業務から考えれば不要そうな機能があるにもかかわらず、機能削除には至らないのはなぜでしょうか。

※ ユーザーに存在を知られていない機能（例えば検索機能）が削除対象になったことはあります。

　要因は主に2つあります。一つは、アクセス数は機能を削除する根拠にならないこと。もう一つは、アクセス数の少ない機能がそもそも少ないことです。なぜアクセス数の少ない機能が少ないかといえば、それは、レガシーと呼ばれる基幹システムは、システム構築当時の業務プロセスをそのままシステムロジックに置き換え、人の省力化を図ってきたことに起因します。

　基幹システムの各機能は、構築当時の業務を基に順にプロセスを進めていくため、現在の業務に必要かどうかにかかわらずに、シーケンス通りに必要なデータを登録する必要があるのです。つまり、アクセスログは現在の業務実態を反映しておらず、アクセスログを利用して削除対象機能を検討するのは無理があるのです※。

※ 筆者が無知なだけという可能性もあるため、アクセスログを起点としたスリム化アプローチを確立されている読者がおられましたら、ぜひとも事例をご紹介いただきたい。

2-1-3　機能起点ではなくデータ起点

　基幹システムの再構築はどのようなアプローチがいいのでしょうか。本書がゴールとするDX Readyな状態にするには、考え方として大きく「機能起点」と「データ起点」があると思いますが、筆者は「データ起点」がよいと考えています（**図表2-1**）。その理由は2つあります。

　1つ目の理由は、データ起点にしないと、複雑なデータの持ち方が必要になったり、不要なデータを保有したりして、"きれいなデータ"にはならないからです。そのようなデータを制御するプログラムコードは複雑になり、DX Readyの1つであるシンプルな状態に反します。

　2つ目の理由は、機能起点でデータ削除を判断すると、「実はその

■機能起点（機能からシステムスリム化を検討するアプローチ）で生じる問題の例

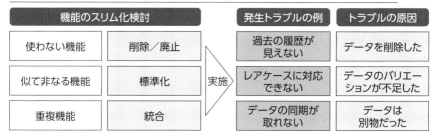

■データ起点（データからシステムスリム化を検討するアプローチ）のメリット（仮説）

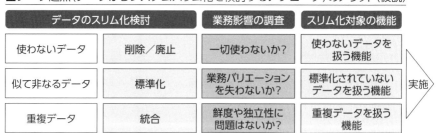

図表2-1　機能起点の障害例とデータ起点のメリット

データは必要だった」と後から分かり、業務障害を引き起こすケースがあるからです。例えば、業務としては不要な機能だが、システム保守にその機能のデータは必要であるというケースです。もしデータ起点で検討していれば、「このデータを今後使うことはないだろうか」と検討するので、その検討において、ユーザー部門から「保守の際に過去のデータを閲覧する必要がある」という要求を引き出せる可能性が高いと考えています。

　筆者は、基幹システムで保有している「データ」は、ユーザー業務におけるシステム作業の証跡だと考えています。この考えに基づけば、システム作業の証跡であるデータを分析することで、ユーザーによるシステム作業の実態を把握できます。

| 機能観点のみでは、データ起因のトラブルを生み出しやすい | → | 業務影響やトラブルを恐れて、大胆なスリム化に踏み切れない |

データ（証跡、根拠）に基づき確実なスリム化が実現できる

先ほど、基幹システムの各機能はシーケンス通りに利用されるため、業務では不要であっても個々の機能にデータ登録する必要が生じていると述べました。このような不要機能に、ユーザーはどのようなデータを登録するでしょうか。例えば1文字以上登録しないといけない入力項目があれば、スペースキーでブランクを入力するなど、できるだけ手間が少ない方法を選ぶはずです。そうしたデータはシステムのデータベースに保有されていますので、ほとんどブランクしか登録されていないデータ項目があれば、そのデータ項目の機能は業務上不要であることに気付けます※。

※ 必ずブランクが入力されるとは限りません。このような分析の観点は後ほど詳しく解説します。

　このように「データ」は業務上のシステム作業の証跡となり得るので、データを起点に基幹システムを再構築すれば、業務障害を起こすことなく、根拠を持ってスリム化（DX Ready）できるのです（**図表 2-2**）。

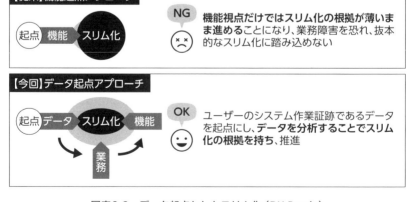

図表2-2　データ起点としたスリム化（DX Ready）

2-1-4 本書の「データモデリング」について

データ起点でDX Ready化する活動の全体像は次節で紹介しますが、そのアプローチの一つのカギとなる「データモデリング」について先に説明します。一般にデータモデリングというと、データベースのテーブル間の関係を表した物理E-R図（Entity-Relationship Diagram）を思い浮かべる読者が多いと思いますが、本書では異なるものを指しています。物理E-R図の目的はデータベースのテーブル設計ですが、本書のデータモデリング（成果物は「論理データモデル図」）は、業務目線でデータ間の関係性やデータ構造をつかみ、業務の仕様や制約、大まかな業務の流れを把握することです（**図表2-3**）。

「業務目線でデータ間の関係性やデータ構造をつかむ」とはどういうことか、例を挙げます。帳票を処理する業務システムを想定します。この業務には「1つの帳票に対して、複数の担当者が同時に同じ作業をすることはできない」といったルールがあったとすると、帳票を示す「帳票ID」、作業を示す「作業ID」、担当者を示す「担当者ID」とい

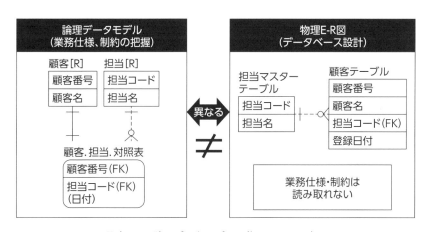

図表2-3　論理データモデルと物理E-R図の違い

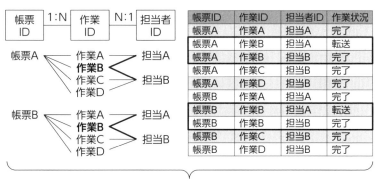

疑問：作業Bについて、担当Aと担当Bの2人共同で作業する必要がある？

図表2-4　データ分析結果の疑問

う3種類のデータには、「帳票IDと作業IDが同じなら、担当者IDは同じである」という「データ間の関係がある」ことになります。

　仮に、データを分析して「同じ帳票IDと作業IDに対して複数の担当者IDがあるケースが多い」という結果になったとき、データ間の関係をつかんでいれば結果に疑問を抱くはずです※（**図表2-4**）。そうした疑問が課題となり、課題から解決策を立案し、結果的に業務やシステムのムダを見つけ、目指すDX Readyへと近づくことができるのです。

※ 実際は、同時に作業したのではなく、担当者を都度変更して、同じ作業を行った可能性もありますが、ここで言いたいことは、疑問を持つことで解決策の立案が可能になり、業務の理解を深められるということです。

2-2 DX Ready化活動の全体像

2-2-1 作業の全体プロセス

　それでは、データを起点に基幹システムをDX Ready化するプロセスの全体像を紹介します（**図表2-5**）。まずは各プロセスの概要を紹介し、次節以降で順に詳しく説明します。なお、本章では「気付き」という言葉がたくさん登場します。紹介するアプローチは現行システムを分析し、課題を解決することで基幹システムをDX Readyな状態にします。現行システムを分析した際、「ここを改善しないといけない」という箇所を「気付き」と表現し、それらを一覧表に記入していきます。そして、「気付き」を「課題」に落とし込み、「解決策」を探っていくことでDX Readyにしていきます。

　DX Ready化プロセスの最初は、現行システムの「論理データモデリング」です。ユーザーが業務で使用している画面や帳票を基にデータ間の関係性を把握し、現在の業務の仕様や制約をつかみ、いくつかの分析観点を基に「気付き」を得ます（**図表2-5**の「①現論理データモデリング」）。

　次に、システムが保有しているデータを把握し、データの統計情報を基に分析して「気付き」を得ます（これらの作業を「データプロファイリング」と呼びます）。そして、データモデリングとデータプロファイリングによって得られた「気付き」を「課題」に落とし込みます（**図表2-5**の「②現データプロファイリング」）。

　そして、課題ごとに解決策を検討し、ユーザーに説明して合意を得

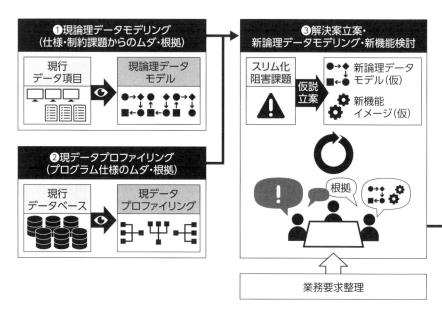

図表2-5　データ起点スリム化アプローチの全体像

ます。その際、現在となってはムダな機能の削減を検討するわけですが、当然、ユーザーからは新たに欲しい機能の要求もありますので、削減と併せて追加要求もヒアリングします（**図表2-5**の「③解決案立案・新論理データモデリング・新機能検討」）。現在の業務に適したミニマム機能にすることが必要なので、要求を聞いておかないと、最悪業務をサポートできなくなり、ユーザーにとっては改悪になってしまう恐れがあります（**図表2-6**）。

　機能を検討するとデータ構造の変更も伴うため、システム全体で整合性が保たれていることを確認します。例えば、更新前のデータは、更新後のデータ仕様や制約に矛盾することなく、問題なく業務を遂行できることを確認します。整合性が保たれていることを確認した後、DX Readyの見込み効果をつかんでおきます（**図表2-5**の「④新システム全体像」）。

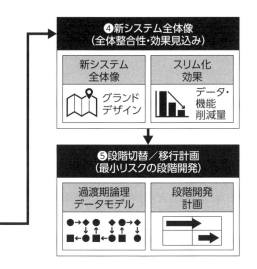

　規模の大きな基幹システムの場合、更新プロジェクトは長期間に及ぶことになりますので、ユーザーの業務変化を勘案し、段階的な更新計画を立案して移行計画を立てます（**図表2-5**の「⑤段階切替／移行計画」）。

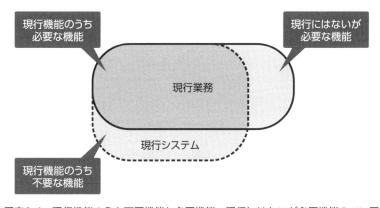

図表2-6　現行機能のうち不要機能と必要機能、現行にはないが必要機能のベン図

2-2-2　作業体制と作業工数の目安

　前項で説明した作業を実施するには、**図表2-7**に示す体制を整える必要があります。プロジェクトメンバーにはアプリケーション開発やインフラ担当者の他、システムを長年維持している有識者がいればメンバーに加えます。有識者がいなくても可能ですが、効率性と洞察力に違いが生じますので、なるべくプロジェクトメンバーに組み込むことを推奨します。また、システムを主管するユーザー部門にヒアリングし、検討内容に合意してもらう必要がありますので、ユーザー部門の担当者もプロジェクトメンバーに組み込む必要があります。

　作業体制のうち「データマネジメントチーム」とは、前項で説明した「論理データモデリング」や「データプロファイリング」を実施するチームを指します。データマネジメントを実施するには**図表2-8**に示すスキルが必要です。現在こうしたスキルを持っていない場合、新たに習得することになりますが、システム部門の現業務をこなしながらでも2～3カ月あれば知識の習得は可能です。その際、3年以上の実務経験者が1人いると、他メンバーの習得スピードや作業効率性の面で優位になります。

　各作業にかかる工数は、作業の習熟度やツールの有無により大きく

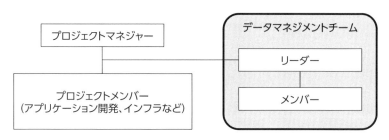

図表2-7　作業体制

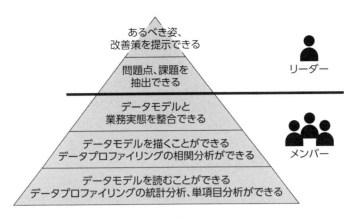

図表2-8　スキルピラミッド

図表2-9　筆者が作業した際の原単位の工数

論理データモデリング作業

作業	原単位	工数
論理データモデル作成	100画面	1人月
有識者レビュー＆モデル修正	100画面	0.75人月

データプロファイリング作業

作業	原単位	工数
データプロファイリング	1,000データ項目	4.5人月
有識者レビュー	1,000データ項目	0.6人月

異なってきます。実際に作業計画を立案する際は、最初に小さい単位（原単位）で作業を実施した上で、全体計画の工数を見積もることを推奨します。参考までに筆者が作業した際の原単位の工数を**図表2-9**に示します。

▎2-2-3　作業推進上の注意点

本書では、データを起点に分析し、データをシンプル・スリムにすることで、関連するシステム機能や業務をシンプル・スリム化するア

プローチです。このアプローチで気を付けなければならないのは、必ずしもシステム機能や業務をシンプル・スリム化できるわけではないということです。その要因は大きく2つあります。

　1つ目は、もともとムダが少ないシステムは、いくら分析しても抽出できる課題が少ないことです。長年使われて肥大化している基幹システムであればシンプル・スリム化を見込めると思いますが、まずは小さい範囲でトライし、効果を見極めることを推奨します。

　2つ目は、ユーザー部門とシンプル・スリム化方針が一致していないと、システム部門でシンプル・スリム化の根拠と仮説を提案しても、合意には至れないことです。そのため、事前にユーザー部門と基幹システムを更新する際のシンプル・スリム化の方針について合意しておく必要があります。その際、目算でもよいので、「現行比○％削減」など、シンプル・スリム化の数字目標の認識を合わせておくと、なおよいと思います。

　これら2つの懸念を払拭できれば、データ起点アプローチによって、基幹システムをDX Ready化することができます。ここからは、**図表2-5**に示した個々のプロセスを順に説明します。

2-3 活動詳細①現論理データモデリング

2-3-1 現論理データモデリングの概要とインプット情報

　「①現論理データモデリング」では、ユーザー部門が業務で扱っているデータ項目と、その項目間の関係を可視化します。具体的には、「インプット情報」として業務で扱うデータを収集し、業務に沿ってデータの関係を確認し、論理データモデルを作成します（**図表2-10**）。なお、本書で紹介する論理データモデリングの手順は、佐藤正美氏のTM法をベースにしています。より深くデータモデリング技術を学びたい方は、佐藤正美氏の各著書を参考にしてください※。

※ http://www.sdi-net.co.jp/

　現論理データモデリングに必要なインプット情報は、業務で扱っているデータ項目です。現行業務の多くはシステム化されているため、インプット情報を集める際は現行システムの画面・帳票一覧表などがよりどころになります。画面・帳票の一覧表を頼りに、すべての画面コピーと帳票の出力結果を収集します。

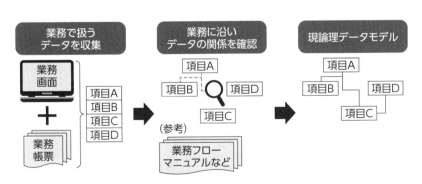

図表2-10　作業概要　データ収集→現論理データモデル

忘れてはならないのは、業務的に前工程に当たるデータ項目です。例えば、ユーザーがデータ入力する際に参照している帳票や、参照している他のシステム画面などがあれば、それらも併せて収集します。他システムの画面コピーが難しい場合などは、当該業務やシステムに渡されるデータ項目の一覧とか、他システムとの連携項目を定義した仕様書などを収集します。その際、データ項目の内容をイメージしやすくするために、なるべく実業務に近いデータが表示されている画面や帳票を、仕様書の場合は連携される実データも併せて収集するのが望ましいです。

　業務の流れに合わせてデータ項目間の関係を可視化しますので、業務の流れをイメージできる業務フローや業務マニュアルなども併せて収集します。正確な業務フローはなかなか手に入らないと思いますが、参考資料としての位置付けのため、100％正確でなくても、おおよその業務の流れが分かれば大丈夫です。

2-3-2　現論理データモデリング作業の詳細

STEP1　データ項目の抽出

　インプット情報を収集できたら、画面や帳票ごとにデータ項目を抽出します。具体的には、文字や数値などを表示したり入力したりするときの名称、例えばデータを表示している列の名称などを抽出します（図表2-11）。その際、メニューやボタンはデータ項目ではありませんので、誤って抜き出さないように注意します。

　データ項目を抽出できたら、「No」「コード」（以下、「コード」と記載）、または「No」「コード」以外（以下、「コード以外」と記載）に分類します。このとき、名称のみを見て分類するのではなく、実際のデータの中身を見て分類します。例えば「会社」というデータ項目があった場合、名称ではコード以外と判断できますが、実際のデータを見る

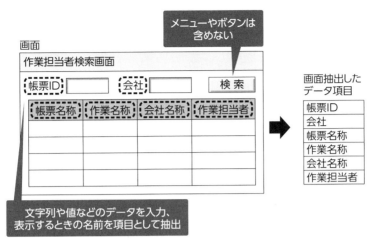

図表2-11　画面からのデータ項目　抽出例

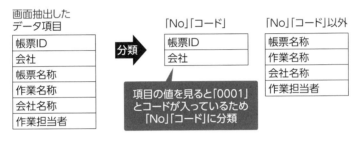

図表2-12　データ項目　分類例

と「0001」のような値が入っていることがあります。こうしたデータ項目はコードに分類するのが適切です（**図表2-12**）。

STEP2　エンティティーの作成

次に、STEP1で抽出したデータ項目から「エンティティー」を見いだします（**図表2-13**）。エンティティーは、データを特定する識別子と、その属性情報からなり、**図表2-14**のような種類があります。識別子は、業務で扱うNoやコードなどが該当します。システムのためだけに付与したコードなどは該当しません。コード以外をエンティ

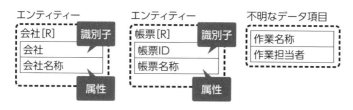

図表2-13　エンティティーの例

図表2-14　エンティティーの種類

エンティティー	種類	説明
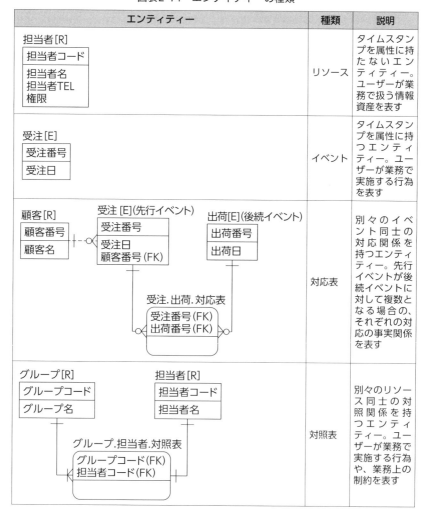担当者[R] 　担当者コード 　担当者名 　担当者TEL 　権限	リソース	タイムスタンプを属性に持たないエンティティー。ユーザーが業務で扱う情報資産を表す
受注[E] 　受注番号 　受注日	イベント	タイムスタンプを属性に持つエンティティー。ユーザーが業務で実施する行為を表す
顧客[R]　受注[E](先行イベント)　出荷[E](後続イベント) 受注.出荷.対応表	対応表	別々のイベント同士の対応関係を持つエンティティー。先行イベントが後続イベントに対して複数となる場合の、それぞれの対応の事実関係を表す
グループ[R]　担当者[R] グループ.担当者.対照表	対照表	別々のリソース同士の対照関係を持つエンティティー。ユーザーが業務で実施する行為や、業務上の制約を表す

図	種類	説明
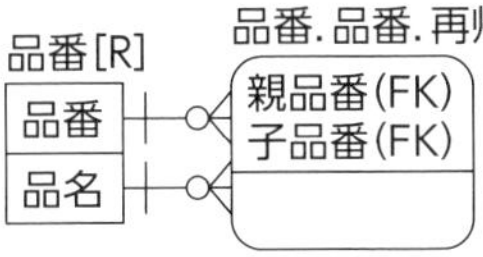 品番[R]／品番.品番.再帰表 品番、品名／親品番(FK)、子品番(FK)	再帰表	同一エンティティーの要素同士の関係を持つエンティティー（左図は親に当たる品番と、その子に当たる品番との関係、すなわち品番の親子関係を表している）
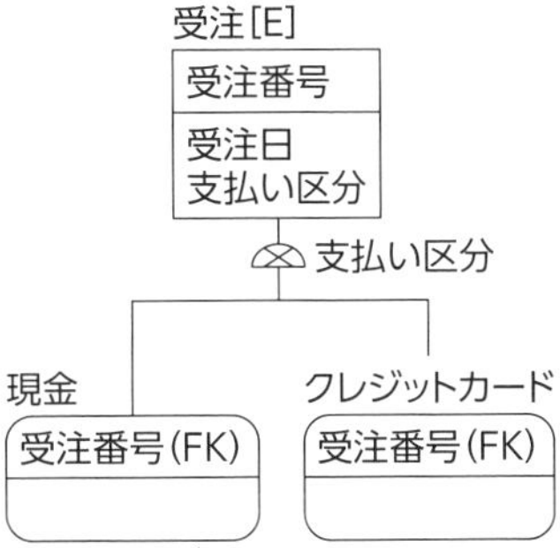 受注[E] 受注番号／受注日、支払い区分 支払い区分 現金 受注番号(FK)／クレジットカード 受注番号(FK)	サブセット	あるエンティティーが、区分によって複数に分かれることを表すエンティティー
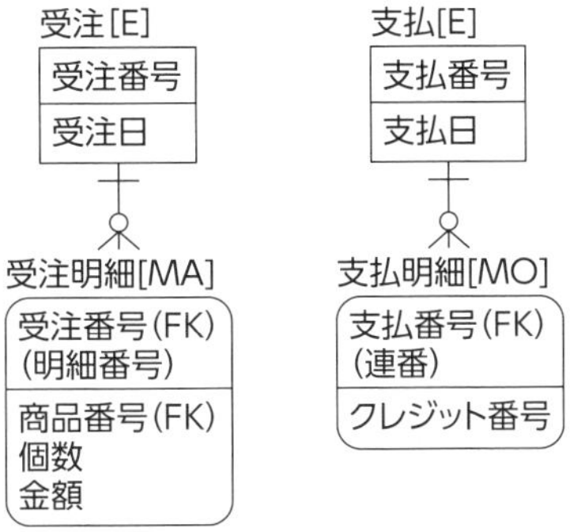 受注[E] 受注番号／受注日 支払[E] 支払番号／支払日 受注明細[MA] 受注番号(FK)（明細番号）／商品番号(FK)、個数、金額 支払明細[MO] 支払番号(FK)（連番）／クレジット番号	多値	親エンティティーに対し、複数のデータが付与されていることを表すエンティティー。多値になる値が、すべて使用される場合[MA]、いずれか1つだけ使用される場合[MO]の2つがある
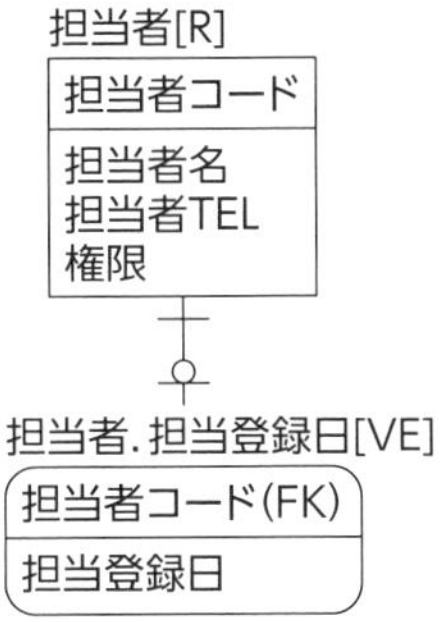 担当者[R] 担当者コード／担当者名、担当者TEL、権限 担当者.担当登録日[VE] 担当者コード(FK)／担当登録日	みなし	任意入力の項目、または他に属する項目が混入していることを表すエンティティー

ティーの属性情報として割り当てます。どのエンティティーに属する
か不明なデータ項目は、この後のSTEPで割り当てていきます。なお、
図中の「FK」や添え字"[]"など、データモデルの表記ルールの詳細は、
巻末「Appendix」をご参照ください。

　例えば「会社（コード）」というデータ項目は識別子であり、「会社
名称」というデータ項目があれば、それは「会社（コード）」を識別子
に持つエンティティーの属性情報に割り当てます。このとき、識別子
に割り当てが難しいデータ項目があれば、一旦、不明なデータ項目と
して分類しておきます。

　この段階では、属性情報に、受注日など業務的な日付がない「リソー
スエンティティー」（以下、「リソース」と記載）か、日付がある「イベ
ントエンティティー」（以下、「イベント」と記載）に大きく分けてお
きます。この後、エンティティー間の関係を把握していく中で、その
他のエンティティーに分類するとよいでしょう。

STEP3　エンティティー間の関係把握

　関係のあるエンティティー同士を線で結び、関係を明らかにします。

　まずは、関係のあるリソースとイベントの関係線を引いていきます。
リソースとイベントは直接線を引きます。このとき、リソースの識別
子はイベントの属性となります（**図表2-15**）。

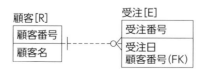

図表2-15　リソースとイベントの関係

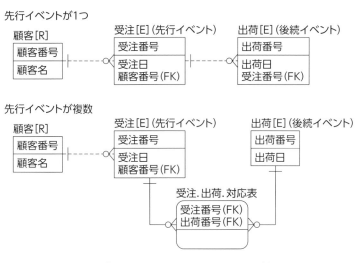

図表2-16　イベントとイベントの関係

　次に、イベント同士の関係線を引いていきます。業務の流れが分かるように、イベントの発生順に左から右へと配置し、関係線を引きます。先行するイベントが、後続イベントに対して1つの場合はイベント同士を直接、線で結びます。複数の場合は、間に対応表を挟みます（**図表2-16**）。

　さらにリソース同士の関係を見ていきます。例えば、「会社」と「部署」という2つのリソースがあったとき、関係するので線で結びます。リソース同士を結ぶときは、間に対照表エンティティー（以下、「対照表」と記載）を挟み、業務の制約などを表します。関係を把握する際は、画面レイアウトや帳票、業務フローやマニュアルなどを参考にします。画面レイアウトだけでは業務をイメージできない場合、実際の画面を操作するとイメージしやすくなります。

　「会社」と「部署」の場合、一般的な業務の流れとしては、会社を登録した後に部署を登録します。先ほどのイベントで述べたように、論理データモデルは大まかな業務の流れも示しますので、この場合は左

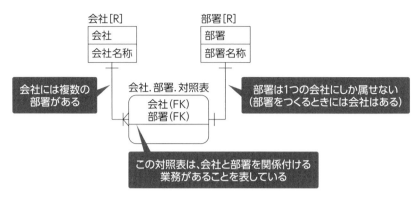

図表2-17　会社と部署の関係

側に会社エンティティー、右側に部署エンティティーを配置し、会社エンティティーと部署エンティティーの間に対照表を配置します。この対照表があることで、会社に、部署をひも付ける業務があることを示しています。そして、会社と部署の属性関係を見て線を引きます。例えば、会社には複数の部署が存在するが部署は1つの会社にしか属さない、といったような関係線になります。もし関係が不明な場合は、吹き出しなどで、不明な旨を明記しておきます（**図表2-17**）。

　線を結ぶ際の注意点は、対照表を構成するリソースを3つ以上にしないことです。3つ以上にするとリソース間の関係が分からなくなってしまうからです。リソース間の仕様や制約を明確にするため、対照表を構成するリソースは2つにします。

　同じエンティティーが出てきた場合は、再帰表エンティティー（以下、「再帰表」と記載）にします（**図表2-18**）。

　次は、エンティティーの属性項目に着目し、サブセットエンティティー（以下、「サブセット」と記載）を見いだします。属性項目の中に区分を表すデータ項目がある場合、例えば、支払い方法を現金かク

図表2-18　再帰表

受注[E]

受注[E]
受注番号
受注日
支払い区分

受注番号
受注日
支払い区分

支払い区分

現金
受注番号(FK)

クレジットカード
受注番号(FK)

図表2-19　サブセット

レジットカードを選択できる「支払い区分」がある場合、サブセット
となります（**図表2-19**）。サブセットを見いだす際、気を付けること
が3つあります。

1つ目は、1つのエンティティーをサブセットに分ける区分は必ず
1つでなければならないことです。排他的関係が不明確になるためで
す。2つ目は、サブセットの子供は、区分によって完全に分けなけれ
ばならないことです。業務を区分けしていない、つまり業務の実態を
表せていないことになってしまうためです。分けられない場合、サブ
セットにはなりません。

3つ目は、サブセットの配下にサブセットが表れる場合、サブセッ
トの上下を入れ替えてはいけないことです。業務仕様と異なってしま
うためです。

一つのエンティティー内に複数コードが帰属する場合、例えば「受

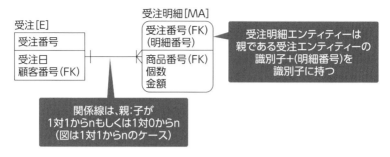

図表2-20　多値

注番号」と受注の「明細番号」のようなデータ項目がある場合、多値
エンティティー（以下、「多値」と記載）とします（**図表2-20**）。

　最後に、属性項目の中で、任意入力項目、または他に属する項目を
みなしエンティティー（以下、「みなし」と記載）とします。みなしは、
派生元以外のエンティティーと関係付けてはいけません。なぜなら、
みなしは派生元のエンティティーの識別子のみを継承し、みなし固有
の識別子を持たないためです。

　ここまで作業した後、作業途中で不明だった部分、どのエンティ
ティーに属するか不明なデータ項目、エンティティーの関係性が分か
らなかった部分をクリアにします。具体的には、システムを長年維持
している有識者、もしくは業務に詳しいユーザーにヒアリングします。
それでも不明なデータ項目については、現在の業務では不要なデータ
項目である可能性が高いため「気付き」として挙げておきます。

現論理データモデルのチェック＆レビュー

　ここまでをまとめたものが「現論理データモデル」になりますので、こ
こで、「データモデルのルールが守られているか」という観点でチェック
やレビューを実施します。その後、実際の業務の仕様や制約と合ってい

るか、システム部門の業務有識者やユーザーにレビューしてもらいます。

　論理データモデルを見慣れていないユーザーにレビューしてもらう場合、画面レイアウトや帳票などを使います。例えば、サブセットの例であったような支払い方法を選択できる場合、該当する画面レイアウトを表示しながら「支払い方法は現金かクレジットカードを選択できるようになっています」などと説明するのです。

　このレビューの主目的は現論理データモデルが現在の業務を正確に表しているかどうかの確認ですが、ユーザーから「現行システムの課題」を指摘されることがあります。例えば「実は、支払い方法の現金には、コンビニエンスストアなどでの事前支払いと商品到着時の代引きがある。現在はシステムにそのような項目がないため、備考欄にコメントで登録し、別途、メールで該当部署へも連絡している」などといったことです。こうした情報の収集はこの段階での主目的ではありませんが、現行業務のムダである可能性が高いため「気付き」として挙げておきます。

　以上で現論理データモデリングの作業は終了となります。業務の仕様や制約を正確につかむには、説明した順番通りに現論理データモデリングを実施しないといけません。例えば、リソースとリソースの関係性を結ぶ前にみなしとして表現すると、業務を正しく把握できなくなります。

現論理データモデリング作業の留意点

　現論理データモデリングを実施する際、専用モデリングツールの利用を推奨します。一般的な表計算ソフトなどを使用して現論理データモデルを描くことは可能ですが、エンティティー数が多くなると、関係線をつなぐなどの描画作業にかなりの時間を費やしてしまいます。そうなると、業務の仕様や制約を分析する時間を圧迫する恐れがあります。現論理データモデルを描くのは手段であり、目的は業務の仕様

や制約を分析し、そこからムダを抽出することです。なるべく目的以外の作業に時間をかけないよう、効率的に論理モデルを描くことのできるツールの活用をお勧めします。

2-3-3 現論理データモデルからムダを抽出する「5つの分析観点」

ここまでの手順で現論理データモデル図が描けていますので、次に、現論理データモデル図を分析して「ムダ」を見つける方法を説明します。5つの分析観点（**図表2-21**）を示し、例を用いながら説明します。

分析観点1「区分ナッシング」

区分ナッシングという分析観点は、現論理データモデル上のサブセット項目に着目します。サブセットとは、区分によって複数に分かれることを表すエンティティーです。区分によって分けられたサブセットの中で、他のエンティティーとひも付いていないサブセットがあるかを確認します。もしひも付いていないサブセットがある場合、業務やシステムにムダがある可能性が高いため、気付きとして挙げて

図表2-21　現論理データモデルの主な分析観点

分析観点	内容
区分ナッシング	片方のサブセットのみ他リソースとひも付く項目に着目する。片方しかない場合、その区分けに業務的な意味があるかを確認する
同一対照表	複数画面をモデリングした際、同一の対照表で表せる項目に着目する。複数画面でデータ登録することが、業務上必要なのかを確認する
環状対照表	対照表を関係線で結んだ際、環状になるものに着目する。重複作業が発生していないかを確認する
みなし過多	1つのエンティティーからみなしが一定数以上関係付いているものに着目する。エンティティーが業務上必要かを確認する（この後のデータプロファイリング結果も併せて確認する）
制約アンマッチ	1つしかデータが保有できない制約関係がある項目に着目する。業務上、その制約が足かせになっていないかを確認する（この後のデータプロファイリング結果も併せて確認する）

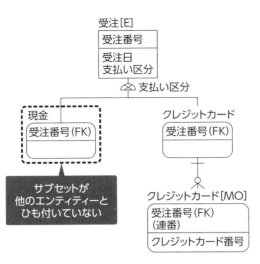

図表2-22　区分ナッシング

おきます（**図表2-22**）。

　ムダがある可能性が高い理由を説明します。サブセットの場合、画面上はユーザーが選択できるようになっていて、その選択を受けて後続業務を進めます。例えば、支払い方法の選択で、クレジットカードを選択した場合、続けてクレジットカード番号などを入力する、といった具合です。この場合、支払い方法のサブセットである「クレジットカード」の後続エンティティーとしてクレジットカード番号が関係付くことになります。

　サブセットに他エンティティーがひも付いていないと、後続業務がないことを示唆しています。この場合、この項目を選択する業務、画面の選択肢に意味があるのか疑問が湧いてきます。もし、意味がなければ、業務も、画面もムダになります。

　片方のサブセットに後続の業務や画面がある場合は、後続にもムダ

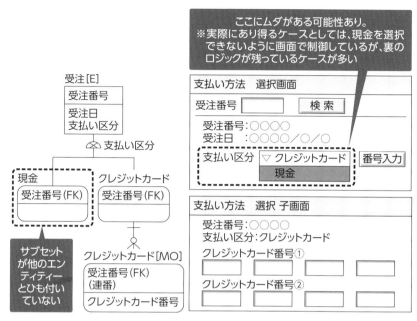

図表2-23　画面の例とムダ処理

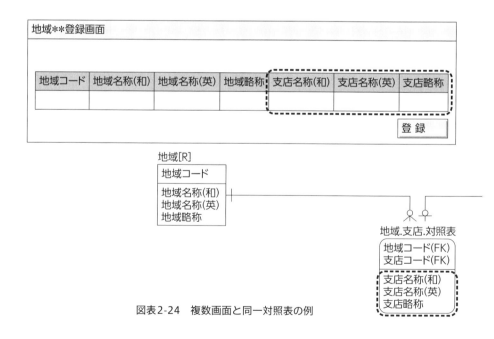

図表2-24　複数画面と同一対照表の例

がある可能性があります。例えば、選択肢を前提とした業務やシステム処理になっている場合です。システムの処理において「クレジットカードが選択されている場合は、番号を入力させる画面を開く」などです。もし選択肢が必要ない、支払い方法がクレジットカードのみの場合は、この「クレジットカードが選択されている場合は」の処理がムダになります（**図表2-23**）。

分析観点2「同一対照表」

現論理データモデルを作成する際、異なる画面や帳票を同じ対照表で表せる場合があります。対照表とは、複数のリソースをひも付けるエンティティーです。論理データモデリングで同じ対照表を描くということは、同じ情報を作成する業務や画面が複数あることを示しています。それらは1つにまとめられる可能性が高く、重複している画面、少なくとも当該情報の登録機能を廃止できる可能性が高いです（**図表2-24**）。

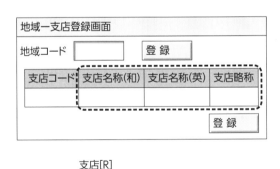

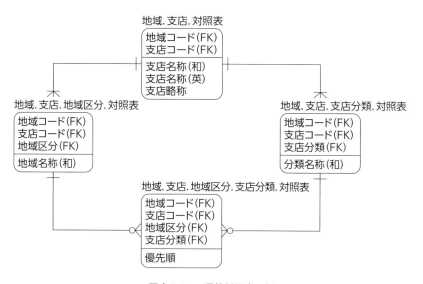

図表2-25　環状対照表の例

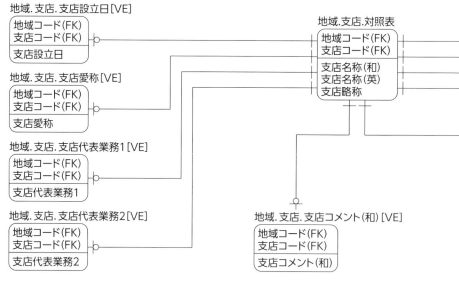

図表2-26　みなし過多の例

分析観点3「環状対照表」

環状対照表とは、現論理モデリングにて対照表を関係線で結んだ際、環状になるものを指します。これは「環状になっている対照表の情報登録作業は似ているが分かれている」ことを示しており、情報登録業務や画面に重複が発生している可能性が高いです（**図表2-25**）。

分析観点4「みなし過多」

みなしとは、任意の入力項目、または他に属する項目です。みなし過多とは、1つのエンティティーにみなしが一定数以上関係付いているものを指します。「一定数」は業務の性質によって異なるため明確に定義できませんが、10個以上関係付いているものをみなし過多としてよいと思います。この場合、「使うかもしれないので作成しておこう」とした項目が含まれている可能性が高いです（**図表2-26**）。不要項目かどうかはこの段階では確定できず、この後で実施するデータ

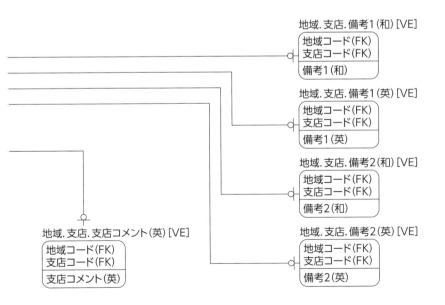

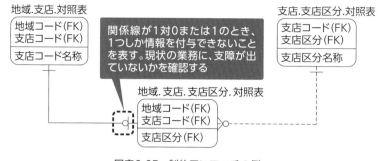

図表2-27　制約アンマッチの例

プロファイリングにて該当項目のデータ入力がなければ不要項目であると確定できます。

分析観点5「制約アンマッチ」

　制約アンマッチという分析観点は、現論理データモデルの各エンティティーを結ぶ関係線に着目します。エンティティーを結ぶ関係線が1対1、もしくは1対0～1の関係線に着目します。要は、1つしかデータが保有できない制約関係がある項目に着目します。業務上、その制約が足かせになっていないかを確認する必要があります（**図表2-27**）。よくある例としては、その制約により、本当は複数のデータ項目を登録したいので、同じ登録作業を何回も繰り返していることなどが挙げられます。

2-3-4　気付きを増やし、確度を高める方法

気付きを増やすワイガヤ会議

　ムダの気付きを増やす一つの方策として、システムの維持担当など有識者を交えたワイガヤ会議が考えられます。その際、単に意見を募るのではなく、5つの分析観点から出た気付きを表にしておきます（**図表2-28**）。ワイガヤ会議ではその気付き表を基に、分析観点とそ

図表2-28　気付き表の例

分析分類	分析観点	画面／帳票名	テーブル名	項目名	気付き	記入／更新者	更新日
論理データモデル	同一対象表	●地域＊＊登録画面 ●地域－支店登録画面	地域テーブル	●支店名称（和） ●支店名称（英） ●支店略称	複数画面から、同一項目の登録処理あり、ムダの可能性あり	○○	○○○○年○月○日
論理データモデル	区分ナッシング	●支払い方法選択画面	－	－	支払い区分に「現金」と「クレジットカード」はあるが、現画面では「クレジットしか選択できない」ため、ムダなロジックが残存している可能性あり	○○	○○○○年○月○日

こから得た気付きを参加者に説明します。

　気付きを基に、会議の参加者に「キーワードレベルでもよいので、他に思い当たることがないか」と発言を促します。もしキーワードが出れば、該当する現論理データモデルに当たりを付け、発言者と共に事実を確認します。例えば、制約のアンマッチであれば、該当データモデルの関係線が1対1、もしくは1対0〜1になっているかどうかを確認します。その結果、ムダと仮説が立てられれば、気付き表に追加していきます。このようにして、ムダだと思われる気付きを増やしていきます。

確度を上げる有識者レビュー

　気付きを増やした後、本当にムダなデータ、機能なのか確度を上げていきます。筆者の実務経験上にはなりますが、気付きが出た時点で、一定レベルの確度はあります。その確度をより高めるために、システムの主管部署であるユーザー部門に気付き表を一通り説明して事実と異なるものがないかを確認します。この確認会では、過去に作成した思い出や当時の思いなどの意見が出て議論が拡散しがちになるため、現在の事実と異なるか否かに観点を絞るのがよいです。

2-4 活動詳細②
現データプロファイリング

▌2-4-1 現データプロファイリングの 概要とインプット情報

　現論理データモデルが作成できたら、次に現データプロファイリングを実施します。現データプロファイリングとは、システムが保有するデータを分析して問題点を抽出することです。

　現データプロファイリングのインプット情報（＝対象データ）は、実際にユーザーが業務で使用している本番データです。なお、本番環境でデータを分析すると通常業務に影響を及ぼす可能性がありますので、本番環境とは別の環境（＝データ分析環境）を用意することをお勧めします。

　インプット情報は、システムのデータベースに格納されているものに限りません。ユーザーが表計算ソフトで管理しているものや、サーバー上のテキストやCSV形式で管理しているデータなどもあります。システムの維持台帳のうち、ファイル一覧やテーブル一覧表などを基に対象データを収集します。もし一覧表がない場合は、テーブルの一覧を取得するSQLを発行し、一覧表を作成するとよいでしょう。

　ここで、現論理データモデルのエンティティーと、システムが保有しているデータベースのテーブルをひも付けます（**図表2-29**）。現論理データモデルは画面や帳票を基に作成しているため、テーブルと正確にひも付いておらず、論理データモデルのエンティティーとテーブ

図表2-29　エンティティーとテーブルの対応表の例

テーブル名	エンティティー名	備考	記入／更新者	更新日
地域テーブル	地域	−	○○	○○○○年○月○日
地域テーブル	地域.支店.対照表	−	○○	○○○○年○月○日
支店テーブル	支店	−	○○	○○○○年○月○日
No管理テーブル	−	システム管理上保有	○○	○○○○年○月○日

ルとを対応表などでひも付けておく必要があります※。

※ ひも付けておかないと、この後実施する単項目分析や相関分析において、正確にエンティティーを把握できない可能性があります。

　インプット情報が明確になったら、データ分析環境にデータをコピーします。その際、表計算ソフトのデータやテキストデータなどもデータ分析環境のテーブルに格納しておくと、この後分析しやすくなります。

　なお、対象データは、過去の履歴も含めてすべてのデータを準備することが望ましいです。その理由は、システム構築当初から分析時点までの全体の傾向をつかむためです。もしデータ量が大量で、すべてのデータのコピーが難しい場合、直近5年分のデータを分析対象として準備することをお勧めします。直近1年だとデータの傾向が分かりづらく、考察の精度が低下しますのでお勧めできません。精度が高い考察ができるよう、なるべく全データを分析できるように準備をしましょう。

2-4-2　データの分析方法

　データが準備できたら分析を実施します。この作業は、「統計分析」「単項目分析」「相関分析」になります。

統計分析

　統計分析では、各テーブルのデータ項目ごとに「属性」「桁数」「項目区分」「ブランク件数」「ブランク割合（%）」「最大値」「最小値」を求めます。

「属性」や「桁数」は、テーブル定義書、またはSQLで確認できます。「ブランク件数」「ブランク割合（%）」「最大値」「最小値」もSQLで確認可能です。「項目区分」とは「コード」「日時」「区分」「フラグ」「その他」に分類することです。その方法は、データ項目名からの類推、最大値と最小値からの類推、一覧表との突き合わせなどになります（**図表2-30**）。

　こうして、各項目の確認結果を一覧表にまとめます（**図表2-31**）。この時点では表中の「不要項目」「単項目分析」「分析結果」は空欄になりますが、一覧表をつくっていると「ある項目にブランクしかデータが入っていない」「最小値と最大値が同じ」などに気付くことがあります。そうしたことは気付き表に記入しておけばいいです。本格的な分析はこの後実施しますので、この時点では機械的に作業に集中するのがよいでしょう。同時に考察すると統計作業が進まなくなりますので注意が必要です。

図表2-30　項目区分と見いだし方

項目区分	データ項目名からの類推	最大・最小値からの類推	一覧表との突き合わせ
コード	○○No、○○番号、○○コード、など	－	項目定義書との突き合わせ
日時	○○日時、○○日、など	20230831、など	－
区分	○○区分、など	A、B、など	－
フラグ	○○フラグ、○○FLG、など	0、1、など	－
その他	数字、名称、コメント、など	－	－

テーブル名：作業指示、レコード件数：53,201件、データ取得日：○○○○年○月○日
統計分析日：○○○○年○月○日、分析者：○○

No	項目名	属性	桁数	項目区分	ブランク件数	ブランク割合(%)	最小値	最大値	不要項目	単項目分析	分析結果
1	帳票ID	Char	5	コード	0	0.0	00001	53201	要	完了	問題なし
2	指示区分	Char	1	区分	0	0.0	1	3	要	完了	単項目分析で問題あり
3	作業区分	Char	1	区分	0	0.0	A	A	不要	完了	**問題あり**
4	作業コメント	Char	20	その他	52,669	99.0		コメント	不要	完了	**問題あり**

ほぼブランク。
経年など1%の内容次第で
削除できる可能性が高い

最小値と最大値が同じ＝
同じ値しか保有していない。
意味がない可能性が高い

図表2-31　統計分析の例

項目名：指示区分

データ型	項目桁数	項目区分	Null許容(Y／N)
Char	1	区分	N

データ	意味	件数	件数割合(%)	考察
1	作業A	37,241	70.0	作業Cを指示することが過去5年
2	作業B	15,694	29.5	で0.5%と少ないため、作業Cに関
3	作業C	266	0.5	係する機能がムダの可能性あり

図表2-32　単項目分析の例

単項目分析

　統計分析が一通り完了したら、次は単項目分析です。単項目分析では、各データ項目の「具体的な値」「値の意味」「件数」「件数割合」を整理して図表2-32のように一覧表にまとめます。件数割合は円グラフにします。この段階で、例えば件数が0件など明らかな異常値が見られることがあります。そのときは気付き表に記載しておきます。ただ先ほどの統計分析と同じですが、あくまで機械的に単項目分析の作業を進めることに注力します[※]。

※ 繰り返し述べたのは、筆者の経験から、分析作業がおもしろくなると、分析作業が遅れてしまったという苦い経験からです。

相関分析

　単項目分析が完了したら、次は相関分析です。現論理データモデルの関係線に示されている各データ項目間の制約と、各データ項目の単項目分析結果に矛盾がないかを確認します。主には「制約」「多値」「サブセット」の整合性、「非正規化項目」の一貫性を確認します。

　エンティティーとテーブルの対応表を基に、現論理データモデルと該当のテーブルの単項目分析結果を見比べます。例えば、非正規化項目の一貫性については、現論理データモデルのコード（Noかコード）の属性情報にある「名称」に一貫性が保たれているかを確認します。まず、現論理データモデルにて同じコードの名称を指すデータ項目を把握します。

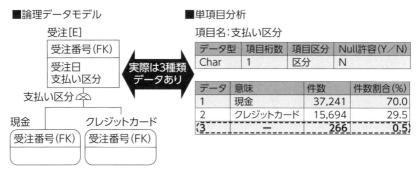

図表2-33　相関分析（サブセット）の例

そして、その単項目分析の結果を比較したときに、同じコードなのに違う名称が入っている場合、一貫性が保たれていない可能性があります。

　またサブセットの整合性確認は、現論理データモデルで、サブセットに分けている「区分」の項目について、単項目分析の結果を見ます。現論理データモデル上のサブセット数（分かれている数）と、単項目分析のデータの数が合っているか確認します。例えば、論理データモデルでは、2つのサブセットであるのに、その区分のデータを見ると3つ以上のデータがある場合は、整合性が崩れており、問題が内在している可能性が高いです（**図表2-33**）。

2-4-3　データの分析結果からムダを抽出する「7つの分析観点」

　データの分析結果からムダを抽出する7つの分析観点を**図表2-34**に示します。この後、各分析観点について具体例を示しながら説明します。

分析観点1「定義ナッシング」

　「定義ナッシング」とは定義が不明瞭なことです。統計分析で分類した「項目区分」のうち「区分」と「フラグ」に分類した項目について、単

図表2-34　ムダを抽出する7つの分析観点

分析観点	概要	分析手法
定義ナッシング	特に区分・フラグで、業務的な定義が存在しないもの	統計分析、単項目分析
定義アンマッチ	特に区分・フラグで、定義に存在しない値	統計分析、単項目分析
定義アンユース	定義されているが、該当データが0件、または極少件数	単項目分析
ダブルミーニング	各項目に2つ以上の意味があるもの	単項目分析
イリーガル定義	名が体を表していないもの	単項目分析
仕様アンマッチ	データモデルの構造とギャップのあるデータが入っているもの	相関分析
不要データ	ブランクしか存在しない項目。業務的な定義が存在せず、1種類しか存在しない項目。過去（例えば5年前）データしか存在しない項目、テーブル	統計分析、相関分析

項目分析の「値の意味」の記述がないものを探します。ここで気を付けたいのは、実データは存在していることです。実データがあるにもかかわらず意味が不明瞭なのです。データ項目の「値の意味」がないということは、業務上意味がない定義をしてしまっているか、業務の意味はあるが不明瞭になっているかのどちらかになります（**図表2-35**）。

項目名：営業区分

データ型	項目桁数	項目区分	Null許容(Y／N)
Char	1	区分	N

データ	意味	件数	件数割合(%)	考察
1		42,000	99.3	営業区分の意味が定義されておらず、
2		200	0.5	作業を進めるために、意味もなく「1」を
3		100	0.2	選択しているように見受けられる

【例：バッチプログラム処理】

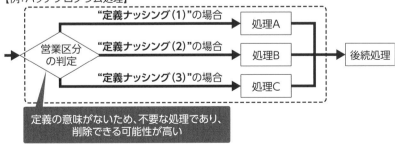

図表2-35　定義ナッシング

「区分」や「フラグ」はプログラムロジックの分岐判断に使われることが多いので、業務上意味がない定義であれば、その項目、またその項目に関わるプログラムロジックがムダということになります。

分析観点2「定義アンマッチ」

　「定義アンマッチ」とは、いくつかのデータに意味がないものや、意味があるデータと意味がないデータが混在していることを指します。これも統計分析の「項目区分」で「区分」や「フラグ」に分類した項目について、単項目分析の「値の意味」を見つけます。

　よくある例としては、テーブル定義書などに項目の定義情報が記載されているが、実データを見ると定義されていない場合です。定義ナッシングと同様、業務上意味がない定義をしてしまっているか、実は業務の意味はあるが不明瞭になっているかのどちらかになりますので、気付きとして挙げておきます（**図表2-36**）。定義ナッシングと比

項目名：営業区分

データ型	項目桁数	項目区分	Null許容（Y／N）
Char	1	区分	N

データ	意味	件数	件数割合（%）	考察
1	通常営業	24,000	91.9	営業区分の3の意味が定義されておら
2	特別営業	2,000	7.7	ず、ムダな処理である可能性がある
3		100	0.4	

【例：バッチプログラム処理】

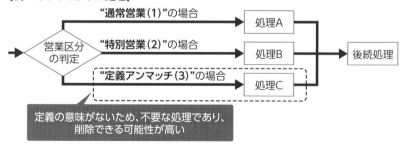

図表2-36　定義アンマッチの例

べムダの分量は少ないですが、データ品質の確保という観点からも取り除いておきたいムダです。

分析観点 3 「定義アンユース」

　「定義アンユース」とは、項目の意味は記載されているが件数が0件、もしくは件数割合が極端に小さいことを指します。統計分析の「項目区分」で「区分」や「フラグ」に分類した項目について、単項目分析の「件数」「件数割合」で見つけます。

　「件数割合が極端に小さい」とはどのくらいなのかを明確に定義するのは難しく、たとえ数％程度であっても経年変化や中身まで踏み込む必要があります。例えば、システム構築当初は少しデータがあるが、それ以降、特に直近はほぼデータがないケースの場合、「昔は業務で使われていたが、現在は使われていない」ことを指しており、ムダの候補となりますので気付きとして挙げておきます（**図表2-37**）。

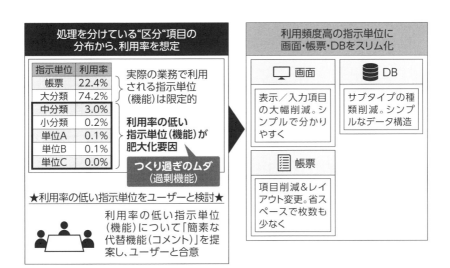

図表2-37　定義アンユースの例

区分やフラグは、その値を基にプログラムロジックが組まれていることが多いと述べました。そのため、件数割合が小さいものについては、該当の機能をまるごと削除できなくても、簡素な機能にすること、また、他機能との統合などによりムダの削減を図れる可能性があります。例えば、ある区分ごとに後続の登録画面がある場合や、専用帳票がある場合は、不要な区分に関する登録画面や帳票などを削減できます。

分析観点4「ダブルミーニング」

「ダブルミーニング」とは、1つの項目に2つ以上の意味を持つもの、例えば日付のデータ項目なのに日付以外のデータがある場合などを指しています。例えば「○○承認日」というデータ項目があり、通常は承認された年月日が登録されますが、承認が不要なときには「99999999」などを入れている場合です。これは、「承認された日付」

項目名：承認日

データ型	項目桁数	項目区分	Null許容(Y／N)
Char	8	日付	N

データ	意味	件数	件数割合(%)	考察
99999999	承認不要	1,000	2.3	承認不要の判断をする処理に不具合、
以外	承認された日付	42,000	7.7	余分なロジックがある可能性がある

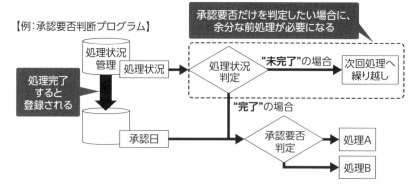

図表2-38　ダブルミーニングの例

という意味と「承認の要否」という2つの意味を持っていることになります（**図表2-38**）。

　2つの意味を持つとなぜムダが生まれるのか疑問を持たれる方もおられると思います。「2つの項目を1つの項目で持った方が効率的ではないのか？」という疑問です。

　この疑問に対して少し補足します。確かにデータ量では1つの項目の方が効率的ですが、処理プログラムを見るとどうでしょうか。承認の要否を承認日の日付項目から判断することになります。「あり得ない日付」だったら承認不要を判断しないといけないので、プログラムロジックで「あり得ない日付」を判断する必要があります。

　そもそも、このような使い方をしていると、正確に承認要否を判断できません。なぜかというと、業務で承認され、承認日が入力されるタイミングまで「99999999」が入力されないからです。そのため、承認されたかどうかの状態が分かる別のデータ項目を見て、そこが「承認されていない」となっていたら、「まだ承認要否は不明である」というプログラムロジックになります。

　もし「承認の要否」の項目があれば、その項目を見るだけで、承認の要否、まだ不明のいずれであるかが分かります。この時点でムダが生まれています。

　承認日のデータ項目に承認要否の意味も持たせた場合、テーブル定義書などにその意味が明記されている、もしくは有識者がいるうちはまだよいのですが、長年システムを維持・保守していてどちらもなくなったら、さらに事態は悪化します。「なぜ『99999999』という値が登録されているのだろう？」「なぜプログラムロジックで条件判断し

ているのであろう？」という疑問が生じます。プログラムロジックだけを読んでも、そのロジックからだけでは要件や仕様は分からないものです。もし該当箇所を改修する必要が出てきた場合、その部分のプログラムを触らず残して対応することになります。

1つのデータ項目の意味を1つにしておくと、プログラムロジックをシンプル・スリムにし、かつそれを保つことができるのです。そのため、1つの項目で2つ以上の意味を持つ項目があれば気付きとして挙げておきます。

分析観点5「イリーガル定義」

「イリーガル定義」とは、項目名が保有している実データを表していないことを指します。例えば「担当者名」というデータ項目名なのに、「担当者名」以外のデータが存在するような場合です。担当者名のみのデータもあれば、部署名と担当者名がセットで入っている、もしくは担当者名と担当者のIDがセットで入っている場合です。また、

項目名:承認日

データ型	項目桁数	項目区分	Null許容(Y／N)
Char	21	その他	N

データ	意味	件数	件数割合(%)	考察
11桁目に"@"	担当者名@部署名	12,000	35.3	担当者名以外に部署名も入っている
以外	担当者名	22,000	64.7	ため、ムダな処理がある可能性がある

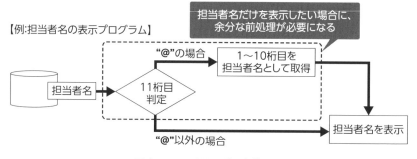

図表2-39　イリーガル定義の例

「○○有無区分」という項目名にもかかわらず、「有」「無」以外のデータが入っている場合なども相当します（**図表2-39**）。

　担当者名の例で、ムダが生まれる事象を説明します。そのデータ項目から「担当者名」だけを取り出したい場合、プログラムには工夫が必要で、担当者名かどうかを判断するロジックが必要になります。例えば、最初の○桁を切り出す、もしくは担当者名とIDの間に特定の記号が挟まれている場合はそれを基に担当者名を切り出すとか、すべてのケースを考慮してロジックを組まなければならず、プログラムは複雑になります。プログラムロジックで担当者名を切り出せればまだよい方かもしれません。データの登録の仕方によっては目的のデータだけを取り出すことができない場合もあります。そうなった場合は、別のデータ項目として定義し直すなどの必要が出てきますので、気付きとして挙げておきます。

　「このようなケースは存在しないのでは？」と思われる読者がいるかもしれませんが、意外とあります。データベース設計において主キーではなく、開発当初は業務面でも重要視していないデータ項目の場合、何となく定義したつもりになって起きてしまうのです。問題が顕在化するのは、維持・保守の中で業務変化があって、該当のデータ項目からデータを取り出したくなったときです。いざプログラムを書こうとすると、前述したような問題に直面することになります。

分析観点 6 「仕様アンマッチ」

　「仕様アンマッチ」とは、現論理データモデルの構造とギャップのあるデータが登録されていることを指します（**図表2-40**）。例えば、現論理データモデルでエンティティー間の関係が1対多の関係であるにもかかわらず、「1」の方のデータ項目にデータが入っていない場合です。例えば、該当のデータ項目を登録するタイミングがシステム全

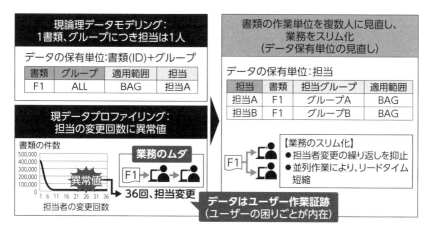

図表2-40　仕様アンマッチの例

体として制御されておらず、数時間のタイムラグが生じる場合などに
起きることがあります。この場合、データを利用する後工程の業務シ
ステムで「データがない」ことも考慮しなければなりません※。

※ 例えば、ない場合は次の処理で取得し直す、などです。

　その他、2-3で説明した現論理データモデルの分析観点「制約ア
ンマッチ」がないかを確認します。制約アンマッチとは、エンティ
ティーを結ぶ関係線が1対1、もしくは1対0〜1の関係線に着目し、
業務上、その制約が足かせになっているようなことです。

　例えば、ある帳票を同時に処理する担当者は1人だけという制約が
あったとします（同じ帳票を複数人で同時処理できない）。この制約
が業務の足かせになっていないか、データプロファイリング結果から
考察します。仮に、同じ帳票に対して担当者を一定数変更しているこ
とが確認できた場合、考察の手がかりとなるのは、その業務、すなわ
ち同じテーブル、もしくは現論理データモデルで関連付いている「○
○区分」などです。

業務を分ける区分のデータ統計と担当者の変更回数が多いデータ統計に関連がないかを確認します。関連があれば、「○○業務のときは、帳票を複数人で処理する必要があり、システムの制約が業務の足かせになっている」と仮説を立てることができます。仮説といっても統計データを根拠としているため確度は高いものになりますので、気付きとして挙げておきます。

分析観点7「不要データ」

　「不要データ」とは、ブランクしか存在しない、または業務的な定義が存在せず登録されているデータが1種類しか存在しないことを指します（**図表2-41**）。例えば、帳票IDという項目のデータがすべて「AAA」となっている場合や、ほぼすべてブランクのデータが入っている場合などです。論理データモデリングの分析観点「みなし過多」（任意入力項目が多い）の場合、特に多く見られます。このようなデータ項目があれば、気付きとして挙げておきます。

　ブランクや意味がないデータは、そのデータ項目を保有すること自

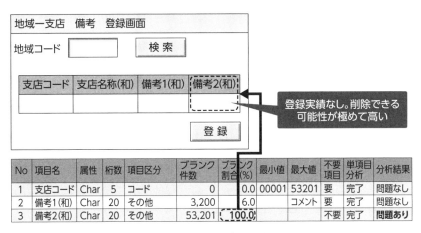

No	項目名	属性	桁数	項目区分	ブランク件数	ブランク割合(%)	最小値	最大値	不要項目	単項目分析	分析結果
1	支店コード	Char	5	コード	0	0.0	00001	53201	要	完了	問題なし
2	備考1(和)	Char	20	その他	3,200	6.0		コメント	要	完了	問題なし
3	備考2(和)	Char	20	その他	53,201	100.0			不要	完了	**問題あり**

図表2-41　不要データの例

体がムダとなります。たとえ1つのデータ項目であっても、その項目を登録する、または閲覧する画面、帳票出力など、すべての機能で、そのムダなデータ項目を扱うプログラムロジックが存在するため、意外とムダを生む要因となります。さらに言うと、そのムダなデータが原因でプログラム処理が異常終了しようものなら目も当てられません。意味のない1つのデータ項目が、最悪のケースでは業務停止の影響、維持・保守の工数にも影響してくるのです。

分析作業の留意点

7つの分析観点に関連する2つの留意点を説明します。

一つは対象データです。基本は全データを対象にした分析になりますが、例えば直近5年のデータのみを用いて分析することも有効です。例えば、「不要データ」の分析観点ではブランクデータを調べますが、すべてのデータを分析するとブランクデータは多いが値が入っているものもあるが、直近5年だけを見ると9割以上がブランクデータである、というケースがあります。この場合の仮説は、「最近5年は○○の傾向が出てきており、今後使われなくなり、ムダな項目になると思われる」となります。たとえ1つの項目でも、それを登録して出力するプログラムロジックがあるため、おろそかにはできません。

もう一つは、システム規模が大きい場合の対応です。読者によっては、「担当しているシステムの規模が大きいため、工数がかかり過ぎてやり切れない」と感じている方もいるでしょう。その場合の対応方法としては、分析するデータを絞ることです。一般的には「幹・枝・葉」と言われますが、幹と枝、もしくは幹のデータに絞って分析するのです。

「幹のデータ」を分類するときの判断は、現論理データモデルがよりどころになります。現論理データモデルは、大まかな業務の流れを

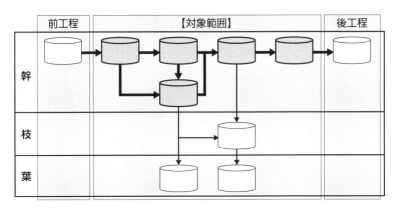

図表2-42　分析対象データの絞り込み

示しています。例えば、現論理データモデルを見たときに、対象業務エリアのインプットからアウトプットまでの大まかな業務の流れを、クリティカルパスに相当する関係線をたどったとき、その関係線上にあるエンティティーが「幹」といえます。その「幹」のエンティティーと関係が深い、例えば直接関係線が引かれているエンティティー、関係線が多いエンティティーが「枝」に相当します。それ以外のエンティティーが「葉」という具合です（**図表2-42**）。

　「幹」データのみ対象にする場合は、あらかじめ準備しておいたエンティティーとテーブルの対応表を基に、分析対象のテーブルを特定します。もし「幹」だけでも多いという場合は、「幹」の中から有識者などに聞いてムダが多そうな箇所を指定して対象を絞ることも考えられます。

　初めからすべてのデータを対象にするのがよいのですが、状況によっては分析対象となるデータを絞って小さく活動を開始し、そこでムダを抽出して効果を確認した上で、分析対象範囲を広げて活動を継続するという方法もあります。

2-4-2で説明したような各データ項目の値ごとの件数、最大値、最小値を求める作業などは、難度は低いのですが、対象データ項目が多くなると工数が膨らみます。データ品質を管理できるプロファイリングツールを導入するのが一番効率化を図れると思いますが、それなりに導入コストがかかります。そうしたツール導入が難しい場合は、一般的なオペレーティングシステムに付属しているデータベース管理システムにデータを入れてクエリーをつくるなどの方法でも、ある程度の効率化を図ることができます。

2-4-4 「気付き」から「課題」への落とし込み

システム内部課題と業務課題の分類

ここまで現論理データモデルと現データプロファイリングからムダと思われるものを「気付き表」へ記載してきました。本項では、「気付き」を「課題」に落とし込み、「解決策」を検討していきます。

「気付き」を「課題」に落とし込む一歩目として、個々の気付きは、システム内部の課題で業務には全く関係ない問題か、業務に関係する問題かを区別します。業務に関係するものであれば、最終的にユー

No	分析分類	分析観点	画面／帳票名	テーブル名	項目名	気付き	
1	論理データモデル	同一対象表	●地域＊＊登録画面 ●地域ー支店登録画面	地域テーブル	●支店名称（和） ●支店名称（英） ●支店略称	複数画面から、同一項目の登録処理あり、ムダの可能性あり	
2	論理データモデル	区分ナッシング	●支払い方法選択画面			支払い区分に「現金」と「クレジットカード」があるが、現画面では「クレジットしか選択できない」ため、ムダなロジックが残存している可能性あり	

図表2-43 課題管理表の例

ザー部門の合意をもって解決策が決定します。システム内部でも業務に関わるものでも、解決策の案はシステム部門で考えますが、最終合意者が異なるということです。

「気付き」の数は、分析開始前の想定より多くなりがちです。そのため数多くの検討を進める上で、ユーザー部門と合意したかどうかを記憶だけでは管理できないため、課題管理表をつくり、「業務／システム区分」などの項目で、誰と合意するか管理する必要があります（**図表2-43**）。もし業務に関わるものをユーザー部門と未合意のまま開発してしまうと、手戻りが大きくなってしまうため、合意の有無を明確にできるように管理しましょう。

次に、「気付き」を課題表現に直していきます。分析のときに記載した気付きの記述はそのまま残しておき、別項目として課題表現に直します。気付きの記述を残しておく理由は、分析のときに感じたことをいつでも振り返られるようにしておくためです。

課題に落とし込んだ後、解決策を考えるとき、ユーザー部門と検討を進めていくと、原点に返りたくなるときがあります。そのために、

業務／システム区分	課題	解決案	調整先	解決案合意日	記入／更新者	更新日
業務	地域＊＊登録画面に支店登録画面で登録すべき項目がある	地域＊＊登録画面から、「支店名称（和）、支店名称（英）、支店略称」の3項目を削除する	ユーザー：○○さん		○○	○○○○年○月○日
システム	稼働することがない、子画面とサーバーのプログラムロジックを削除する必要がある	該当箇所を削除する	システム担当：○○	○○○○年○月○日	○○	○○○○年○月○日

気付きはそのまま残しておきます。課題表現に直すということは、単に表現の見直しを意味しているわけではなく、気付きから得られる課題を改めて考える、という作業を指しています。

　ここでは「課題」という言葉を使っています。「問題」は現状が抱えていることの表現であり、多くは「気付き」の中に記載されています。例えば「任意入力項目である○○項目の直近5年のデータを見るとブランクが8割占める」という具合です。課題は、あるべき姿に向かって実施すべきことを表現したものです。例えば「（使われない項目はムダになるため）○○項目は廃止する必要がある」といった具合になります。表現を見直さなくても分かると思われるかもしれませんが、数多くの気付きに対して「実施すべき」事項を明確にし、関係者の認識齟齬をなくしておくことは重要です。

埋もれた課題を見つける方法

　ここまでで、データプロファイリングからの課題抽出は完了していますが、まだ埋もれた課題があります。それを見つけるには、長年維持・保守をしてきた有識者に頼るか、維持チームで管理している台帳を使うことになります。

　有識者に頼る場合、現データプロファイリングから抽出した気付きと課題を、一定の業務や機能ごとに分けて、その業務や機能に詳しい人に意見をもらうとよいです。分ける理由は、有識者といえども、対象範囲のすべての業務やシステムに詳しい人はまれだからです。担当システムの維持・保守メンバーの構成を見ながら、区分けするとよいでしょう。

　有識者から意見をもらう際は、7つの分析観点と、個々の観点で気付けた実例などを挙げながら、過去のユーザーからの問い合わせなど、

これまでの維持経験の中から気になることがないか、意見を出してもらうのがよいです。意見を出してもらうタイミングでは、正確性を問いません。意見の正確性、根拠があるかどうかは、プロファイリング結果と突き合わせることで分かります。有識者から意見をもらう会議では、正確性は不明瞭でも、なるべく多くの意見を引き出すことに注力します。

　もう一つの台帳を使う方法を説明します。維持チームにて、ユーザー部門からの問い合わせを管理する台帳、もしくはユーザー部門からのシステム改善要望を管理する台帳があれば、その台帳から引き出せる可能性があります。例えばシステム改善要望を管理する台帳の場合、要望は聞いているが、まだシステムには改善が実装されていないものに着目します。改善要望が上がっているが長年システムに実装されていない、いわゆるバックログといわれるものです。

　この中で7つの分析観点に当たるようなものがないかを確認します。例えば、「○○項目を毎回入力しないと先に進めないが、業務上は必要ないのでなくしてほしい」などです。削除系のシステム要望はバックログとして残り続けることがあります。維持・保守の中で、コストをかけて機能の追加などはされても、削除されることはあまりありません。大きな理由は、費用対効果の面から機能追加などの要望が優先されやすく、また、データ項目を削除したときのシステム影響を把握しづらいからです。

　そのため、データプロファイリングでは一見普通にデータ登録されているように見えた項目でも、実際は業務上不要であり、ユーザーがそれっぽくデータを登録しているだけというケースもあります。

　有識者からの意見や台帳からの気付きは、現論理データモデルやプ

ロファイリング結果から根拠があるかないかを確認し、確認できたら課題表現に直します。この段階での気付きがシステムをスリムにする母数になりますので、少し工数がかかるかもしれませんが、なるべく多くの気付きを抽出します。

課題の確度を上げる

　抽出したすべての気付きを課題表現にしたら、次は課題の確度を上げます。その方法は、維持・保守を担当している有識者によるレビューです。ユーザー部門に確認するのが近道かもしれませんが、ユーザー部門との検討時間は限られているので、その時間を有効活用するために、システム部門でできることは実施しておくのが望ましいです。有識者へのレビュー観点は、現在の事実と異なるか否かに絞ります。長年、システムを維持してきた有識者からは有益な気付きを得ることができますが、いわゆる思い出話や武勇伝の話になりがちです。あまり議論を拡散させないためにも、レビュー観点を絞るように心がけましょう。

2-5 活動詳細③解決案立案・新論理データモデリング・新機能検討

　ここまでで現行システムを分析して課題が明確になりました。次は「③解決案立案・新論理データモデリング・新機能検討」になります。このプロセスは「(1) 解決案の検討」「(2) 新論理データモデリング」「(3) ユーザー部門との検討会」「(4) 新機能検討」の順で実施します。

▌2-5-1 (1) 解決案の検討

解決策の検討では「業務上問題ないか？」と常に問う

　個々の課題について、解決策を検討します。その際、「業務上問題ないか？」と常に問うようにします。例えば、「○○項目は廃止する必要がある」という課題の場合、単純に「項目を廃止する」だけではなく、「過去のデータを廃止しても業務上問題ないか？」という観点で検討します。論理データモデルを見て、その項目が他と関連していそうであれば、データ登録機能は不要でも、データは必要で、場合によっては閲覧機能も必要な可能性があります。データ項目の廃止を検討する場合は、過去のデータも含めて、今後一切使用しないかを確認するようにします。

業務運用の変更を伴う解決策は根拠を明確に

　個々の解決策について、作業レベルで済むのか、業務運用の変更を伴うのか区別しておきます。例えば、「リードタイムの短縮のため、同じ帳票を複数人で並行処理できるように変更する必要がある」という課題に対して、「制約をなくして複数人で並行処理できるようにする」という解決策にした場合、業務運用の変更を伴います。

この後、個々の解決策についてユーザー部門との検討会を実施しますが、業務運用の変更はユーザー部門にとってできれば避けたいことなので、様々な観点で質問を受ける可能性があります。業務運用の変更を伴うものは、改めて根拠を確認しておきます。現論理データモデルや現データプロファイリングの結果を見返して、気付きから課題、そして解決策への論理展開に飛躍や無理がないことを確認するのです。

　論理展開に飛躍や無理がないことを確認する一つの方法として、逆から読む方法があります。「○○の解決策は○○の課題があるから、その課題は○○の気付きからである。なぜその気付きを得たかというと、データプロファイリング結果が○○だからである」といった具合です。こう言い換えた場合に、「不十分な部分を感じる」「このデータ分析結果だけでは言い切れないと思うところがある」と感じれば、論理展開のどこかで飛躍している可能性があります。このような飛躍があると、ユーザーとの調整が不調に終わる可能性が高まってしまいます。

2-5-2　（2）新論理データモデリング

新論理データモデルにて解決策の成立性を確認

　解決策の案を考えたら、次に解決策の要素を織り込んだ新論理データモデルを描きます。ユーザーとの検討会の前に新論理データモデルまで描く理由は2つあります。

　1つ目の理由は、解決策の成立性を確認することです。例えば、データ項目を削除する場合、そのデータ項目がなくなっても他のエンティティーに影響しないか、つまり論理データモデルで削除項目に依存している項目はないかを確認します。また、制約をなくす（1対0〜1を

1対Nにする）場合、他のエンティティーとの制約に矛盾がないか、業務上の影響懸念がないかを確認します。解決策を実現するために「制約を変える」こともあるでしょう。その場合、業務上無理がないことを確認します。

　2つ目の理由は、ユーザーと検討する土台をつくることです。先に新論理データモデルを作成しておけば、個々の解決策の影響範囲が明確になります。

　論理データモデルは業務の大きな流れや仕様を表現していますので、新論理データモデルを描くということは、成立性を持った業務の流れや仕様の変化、その範囲を押さえることになるのです。

　この段階で新論理データモデルを作成する目的は、この後ユーザーと検討する解決策の成立性を事前に確認するためです。もちろん、すべての新論理データモデルを完成することが理想ですが、限られた時間の中で推進するため、新論理データモデルを作成する時間が取れないこともあり得ます。その場合、例えば成果物としては、現論理データモデルに吹き出しで変化点を付け加えるなど、あくまで新論理データモデルの形と成立性が関係者内で理解できる程度にとどめておいて構いません。

　また、企画／構想検討の段階では、重要な「幹」の部分のみ検討していることもあります。この後の要件定義で、「枝・葉」も含めたすべての要件を検討しますので、その段階で新論理データモデルを完成すればよいでしょう※。

※ 新論理データモデルの作成手順は、第3章の要件定義の作業と重複するため、ここでは割愛します。

2-5-3 （3）ユーザー部門との検討会

　次に、システム主管部署であるユーザー部門と検討会を実施します。ここまで検討したことについて説明し、合意を得るのです。その際に使う資料は各社に様式があると思いますので言及しませんが、ご留意いただきたいことは、個々の解決策について明確な根拠を示し、その根拠はユーザーが理解できる表現にすることです。

　例えば、現論理データモデルを提示して、「このエンティティーの関係線の制約が……」と説明してもユーザーは理解できません。論理データモデルをご存じのユーザーであれば問題ありませんが、そのようなユーザーはまれです。現論理データモデルは、ユーザーが業務で使用している画面や帳票のインプットに作成しています。ユーザーに説明する場合は、現論理データモデルのインプットとなった画面や帳票の実物を示しながら、制約などの気付きや課題、解決策を説明するような資料にします。

　また、データプロファイリング結果を説明する場合、やってしまいがちなのはデータベースの項目名をそのまま説明資料に記載することです。ユーザーはテーブルの項目名を意識していないので、何のことか分からないです。ユーザーが正しく理解できるように、データベースの項目名ではなく、画面や帳票で表示される名称、例えば画面上に表示されているラベルの言葉などに置き換えるようにします。

削除ではなく、スリム化

　ここで一つ補足します。本書の目的は「基幹システムをDX Readyにすること」です。シンプル・スリムで、データ品質が保たれている状態です。それは、「従来の画面や帳票を削除すること」とイコールではありません。本書ではデータ起点のアプローチを採っていますの

で、あるデータ項目が不要と判断されても、ユーザーから見える画面や帳票は削除されないかもしれません。しかしながら、最低限、データ項目にひも付くプログラムは削除できます。また、筆者の経験になりますが、不要と判断されたデータ項目専用のサブ画面が用意されているとか、別画面で専用の帳票が用意されているようなケースが多くあり、メインとなる画面や帳票に大きな変化はなくても、プログラムや子画面などを含めると、プログラムのステップ数は大幅に削減できた例もありました。

　本書で紹介するアプローチは、現行のユーザー業務の骨格を変えず、システムに内在する現状業務に沿わないプログラムを削減する方法です。それが実現できたとき、「基本的な業務は変わらないけれど、その業務を支えるシステムの規模を大幅に削減する」ことが実現できる

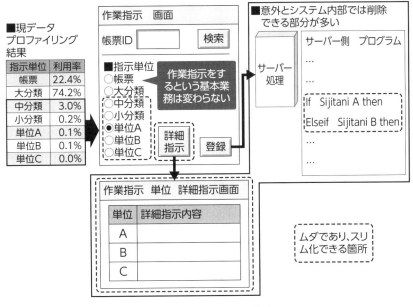

図表2-44　スリム化の構造

のです（**図表2-44**）。

2-5-4　（4）新機能検討

　課題と解決策をユーザー部門と合意できたら、次は新機能を検討します。ここまでシステム部門から提案しているのは、あくまで現状業務と合わないムダ機能の削減についてのみです。現行業務に不足している機能は織り込めていないため、業務上必要な新機能についてユーザーにヒアリングします。新機能に伴って新しいデータ項目を追加する必要がある場合は、論理データモデルを用いて、新しいデータ項目の取得可否や項目間の関係整合性が崩れないか、実現性の有無を確認します。

　新機能・新データ項目を検討するときに留意することは、深掘りし、工数をかけ過ぎないことです。現段階は「企画／構想検討フェーズ」のため、業務に必要な新たなデータ項目と機能の概要確認にとどめておくのがよいでしょう。ユーザーとしては、画面レイアウトや操作性などが気になるところですが、これらは、この後の「システム開発・維持フェーズ」で検討する事項になります。そうした認識をユーザーと合わせておき、検討工数を必要以上にかけ過ぎないように気を付けます。

2-6 活動詳細④新システム全体像

2-6-1 新システムの整合性

　個々の機能について検討を終えた後、新システム全体として整合が取れているかを確認します。具体的には、解決策まで織り込んだ新論理データモデルを用いてデータの正当性を確認します。出元が不明なデータがないか、現論理データモデルでの分析観点（**図表2-21**を参照）がすべて解決されているか、新たに発生していないかを確認します。また、そのデータをユーザーが扱う機能について過不足、特に重複がないかを確認します。課題解決策を検討するときには機能個別で検討しますので、個別最適になりがちで、重複してしまうことがあります。ここで、初めて全体を俯瞰します。

2-6-2 削減規模の算出

概算方法

　解決策を基に、システムをどの程度スリム化できるか、定量的に規模を算出する方法を説明します。実際はプログラム実装後でないと正確に算出できず、この時点の規模はあくまでも目安です。ではなぜこの段階で削減規模を算出するかというと、システム再構築プロジェクトの決裁を受ける際、定量的な値が必要になってくるためです。

　削減規模を算出するには、事前準備として「機能の一覧表」「CRUD図※」「実際のプログラムソース」の3つをそろえます。

※ データの作成（Create）、読み出し（Read）、更新（Update）、削除（Delete）を示した図。

事前準備ができたら算出作業に入ります。先述したように、ユーザーが理解できるように、解決策の説明資料には画面や帳票をひも付けて記載されています。この画面や帳票を実際のプログラムソースにひも付けていきます。具体的には、画面や帳票を起点に、機能の一覧表から関連するIDを特定し、そのIDからプログラムソースを特定します。また、そのIDやプログラム名（もしくは機能名）から、CRUD図を頼りに関連するデータベースのテーブルを特定し、そのテーブルにアクセスしているすべてのプログラムソースを洗い出します。これが、1つの解決策の規模を算出する際の母数になります。

　そのプログラムソースから、該当するおおよそのロジックを割り出して削減量を算出します（**図表2-45**）。例えば、削除対象が区分を表すデータ項目だった場合、プログラムソース上で該当項目を特定します。次にデータ項目を用いてプログラムロジックが記述されている部分を特定します。

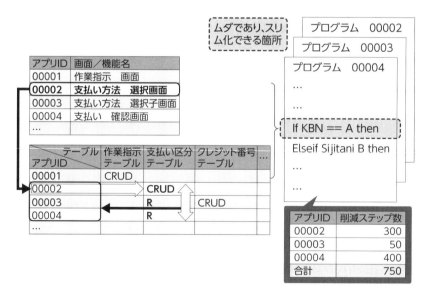

図表2-45　削減規模の算出方法

区分を表す項目は、プログラムソース上では、区分の値を用いてロジックを分岐する箇所に表れることが多いため、主に条件判断をしている部分に着目しながら、該当部分を割り出していきます。

　削減規模の算出方法はいろいろありますので、各社の作業環境に合った方法で構いません。一例としては、プログラムソースをすべてコピーしておき、該当部分を実際に削除し、コピー元のプログラムソースとの行数の差から削減量を算出する方法があります。それ以外の方法では、少し手間がかかりますが一般的な表計算ソフトにプログラムソースをコピーで貼り付けておきます。そして該当行の背景を色付けし、表計算ソフトのフィルタリング機能などにより色付けした行数を確認して削減量を算出する方法です。

　後者の方法は前者より手間はかかりますが、後から振り返る際、どの部分を削除したのかが分かりやすくなる利点があります。どの方法が一番よいということはありませんので、各社の作業環境に合わせて削減量を算出してください。

十分なスリム化につながらない場合の対応

　プログラムソースの削減量を算出した結果、当初想定した削減量になればよいのですが、もし十分ではない場合、そのケースごとに対応します。想定した削減量にならないケースは、大きく2つあります。

　1つ目は、解決策をユーザー部門と合意できなかったケースです。その場合は、別の解決策がないかを検討します。例えば、ある機能を削除したかったが「今後も使うかもしれない」と合意できなかったケースでは、別の解決策として、再構築後に機能追加する予算を残しておくなど、将来本当に必要になったときに機能を追加する約束を正式な議事録として残しておくのです。

別の解決策としては、簡素な代替機能に置き換えることです。例えば、あるデータ項目を登録するために、システムで用意した複数の選択肢からその項目を作成するような機能があった場合、その項目をユーザーが直接入力するように変更するなどです。システムで用意する選択肢を削減できれば、システム内に存在するプログラムロジックを削減できます。これまでより簡素で、かつ業務が滞ることがない必要最小限の機能をユーザーと合意できれば、スリム化につながります。

　2つ目は、気付きに対して解決策まで考えず検討を中断している場合です。有識者のレビューで「現状を変えるのは難しいのでは」という意見が出ると、こうなることが多いです。豊富な知識が改善の邪魔をすることがあります。現行システムのデータは事実を投影していますので、いま一度、現・新論理データモデルや現データプロファイリング結果を見直し、そこに無理な理由があるのか、有識者なしで議論してみましょう。

2-7 活動詳細⑤段階切替／移行計画

2-7-1 段階開発の計画立案

段階開発の必要性

　解決策を策定し、削減規模を見積もったら、いよいよ再構築計画（起案書）を立案します。経営向けの計画書ですので、ヒト・モノ・カネを明記する必要があります。ただ、既存基幹システムの規模が大きいと、想定以上に開発要員の人数が多くなり、「果たしてマネジメントできるのか」「開発要員を集めることはできるのか」、また、「ユーザー業務上のリスクは大丈夫か」など、様々な検討課題が出てきます。

　その際、確実にマネジメントできる範囲に区切って段階的に開発することが多いのですが、ムダの多いシステムは機能が絡み合っているため、段階的に再構築する範囲を区切ることが難しいです。そこで有効なのが、現論理データモデルを用いて段階開発の範囲を決める方法です。

リスクの少ない段階開発計画の案出し

　現論理データモデルを用いて開発範囲を区切る方法を説明します。大きな作業の流れとしては、(1) 開発最小単位（＝データ観点による開発単位）の抽出、(2) 過渡期論理データモデルによる開発範囲の検討、(3) 規模見積もり、(4) 費用見積もりとなります（**図表2-46**）。(1) の開発最小単位を見直して検討を繰り返し、最終的に段階開発の計画を立案します。

　(1) 開発最小単位の抽出方法としては、現論理データモデルの関係線を見て、切りやすい箇所でグループ化する方法になります。まずは現論理データモデルの各エンティティーにひも付いている関係線の数

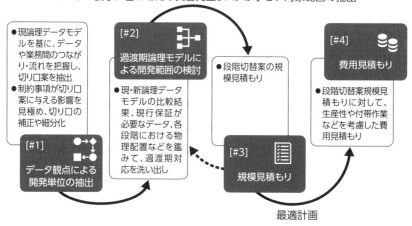

図表2-46　リスクを低減した段階開発計画立案の流れ

現論理データモデルの関係線を頼りに、切り離しやすい（不具合発生リスクが小さい）箇所でグループ化

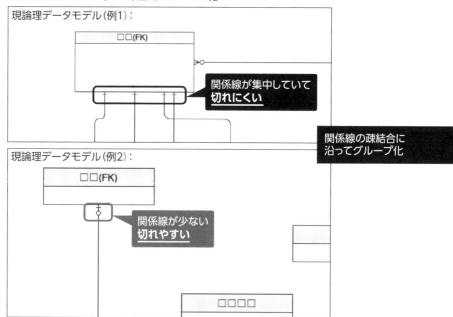

図表2-47　リスクの少ない開発単位の抽出

に着目します。関係線の数を見たとき、関係線が集中していて切れにくい箇所、逆に関係線が少なく切れやすい箇所が見えてきます※。この関係線が少なく切れやすい箇所に沿って囲み線を引いてグルーピングしていきます。ここで囲んだグループを最小の開発単位とします。

※「少ない」の数は業務により異なりますが、一つの判断方法として、現論理データモデルを一通り見て、相対的に「少ない」「中ぐらい」「多い」に関係線の数を分類してみるとよいでしょう。

　現論理データモデルは業務の仕様や制約を関係線で表しています。業務の仕様や制約が少ない、すなわち、関係線が少ないことが切り分けやすいことにつながるのです（**図表2-47**）。

　次に、(2) 過渡期となる論理データモデルを作成し、一度に開発する範囲を検討します。(1) で見いだした開発最小単位を基に、ユー

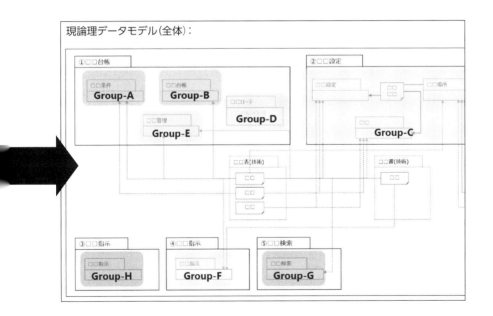

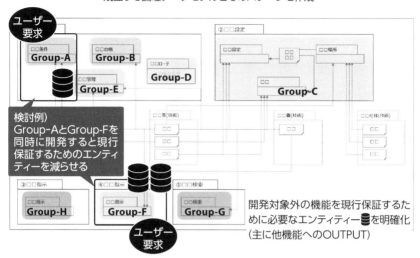

ユーザー要求に従い新論理データモデルに置き換えた際、
成立する論理データモデルとそのパターンを作成

図表2-48　過渡期論理データモデルによる開発範囲の検討

ザーの要求やシステム部門の都合などを考慮し、同時に開発するグ
ループを検討します。検討のポイントは、ユーザーからの要求を満た
しつつ、かつ、開発コストが最小になる範囲です。

　例えば、**図表2-47**でユーザーからの要求がGroup-AとGroup-Fに
あったとします。このとき、Group-A、Group-Fの順に開発する際、他
のGroupを保証するために必要なエンティティーを明確化します。次
にGroup-AとGroup-Fを同時に開発したときに必要なエンティティー
を検討します。同時に開発すると他Groupを保証するためのエンティ
ティーを減らせることが多いためです。保証のためのエンティティー
を減らすことができれば、開発コストを削減できます（**図表2-48**）。

規模・費用算出とユーザーとの調整ポイント

　開発範囲を定めたら、その範囲のエンティティーを起点に機能、プ

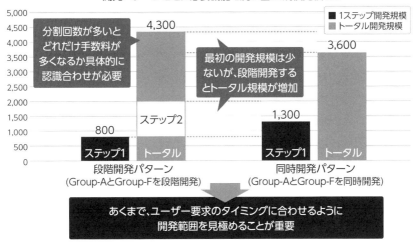

開発パターンごとに必要機能を洗い出し、規模見積もり

分割回数が多いとどれだけ手数料が多くなるか具体的に認識合わせが必要

最初の開発規模は少ないが、段階開発するとトータル規模が増加

4,300

800

3,600

1,300

- 1ステップ開発規模
- トータル開発規模

ステップ1　トータル
段階開発パターン
(Group-AとGroup-Fを段階開発)

ステップ1　トータル
同時開発パターン
(Group-AとGroup-Fを同時開発)

ステップ1
ステップ2
トータル

あくまで、ユーザー要求のタイミングに合わせるように開発範囲を見極めることが重要

図表2-49　規模見積もり

ログラムの概算規模を算出し、その概算規模を基に各社の生産性や単価、その他付帯作業などから概算費用を算出します。こうして、段階開発の段階ごとの費用が算出されます。

　一般的には、段階開発の段階数が多くなるほど、1回の開発費用は少なくなりますが、トータル費用は多くなります。トータル費用が多くなる理由は、過渡期の対応として他グループの機能を保証するためのエンティティーやプログラムが必要になってくるためです（**図表2-49**）。段階開発か一度にすべて開発するか、どちらかが正解ということはありません。各社の状況を勘案し、可能な限りユーザー要求に合わせて最適な方法で立案します。

関連するシステムの再構築計画

　基幹システムは独立した存在であることは少なく、他のシステムと関連しているものです。となると、「関連する他システムの機能はいつ更新するのか」という検討課題が出てきます。同時に関連するシス

テムを再構築できればいいのですが、担当しているシステムでさえ段階開発を考えざるを得ない状況を勘案すると、現実的には複数システムを同時に再構築するのは厳しいです。

　現実的には、個々のシステムを本書で紹介した方法で1つずつ再構築します。再構築すると、業務仕様や制約を表す論理データモデルが作成され、業務に必要なデータが定義に沿った形で明確になります。すなわち、データ品質が確保されている状態となります。こうした状態を各システムでつくり上げた後、他システムとの関連機能の課題を

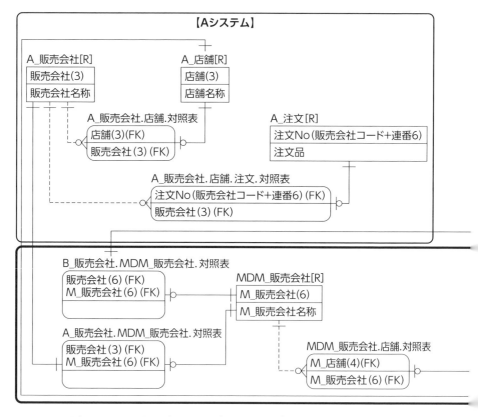

図表2-50　マスターデータマネジメントでのデータ項目共通化例

解決していきます。時間はかかりますが、同時に再構築するのは現実的ではありませんし、だからといって何も手を打たないでいると、いつまでたっても基幹システムをDX Readyにすることはできません。

マスターデータマネジメントの要素

　他システムとの検討課題としてよく議題に上がるのは、「データ項目の名寄せ」です。システムが異なれば「異音同義語」があり、また、名前の問題だけでなく桁数などの属性も異なることが多いので、単純に共通化することはできません。強制的にどちらかのシステムのデー

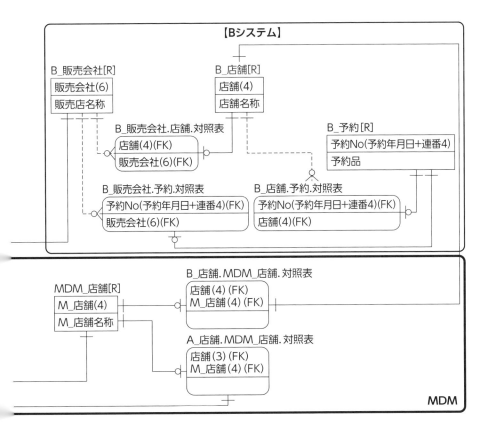

タ項目に合わせるか、最小公倍数的にデータ項目を定義し直せば解決しそうですが、そう簡単にはいきません。

　なぜなら、複数のシステムを同時に再構築することが難しいからです。システムの再構築に伴って業務の運用変更は避けられないので、複数システムにまたがるデータ項目の共通化は、かなり難度が高いといえます。しかし、全社で見たときに異音同義のデータがあるとスリム化の観点、データ活用の観点からもよくないため、解決したい課題です。

　解決先の一つとして筆者が推奨するのが「マスターデータマネジメント（MDM）」の導入です（**図表2-50**）。単純なデータ項目の共通化手法ではなく、共通化できないデータのマネジメントまで踏み込んだ手法です。少し乱暴な表現かもしれませんが、「複数システムにまたがるデータを同時に共通化できないため、その解決策として生まれたものがマスターデータマネジメント」だと筆者は考えています。

　マスターデータマネジメントでは、現在のシステムで保有しているデータ項目は変えずに、共通項目を外出しして統一することが可能です。各システムから見ると、追加の読み替え処理が必要となりますので、過渡期は処理が増え、スリム化とは逆行します。しかし、全システムの刷新が終わっていなくても、マスターデータマネジメントで管理されている情報を見れば、全社でのデータ活用が可能になります。各システムでの読み替え処理は、再構築すれば最終的にはスリム化を図れます。

　こうすれば、データ項目の共通化のために関係する全システムのデータ項目を同時に変更していなくてもよい、すなわち各システム単位で、各システムの計画に合わせてデータ項目を変更でき、共通化を図れます。マスターデータマネジメントについて、さらに詳細をお知りになりたい場合は専門書を参考にされるとよいでしょう。

2-8 DX Ready化活動を うまく進めるコツ

▌2-8-1 5つのコツ

コツ①効果がありそうなシステムで小さくトライする

　読者の皆さんが担当するシステムが大きく、ムダの抽出ができるのか不明な状態であれば、小さな範囲に区切り、本格的な活動の前に一部でトライすることをお勧めします。範囲の目安としては、現行システムの維持・保守メンバーの有識者が「ムダが多そうだ」と体感的に感じている機能を中核に、期間は3カ月間ぐらいが適当でしょう。

　各社の状況に合わせて、無理が出ない範囲で作業を開始します。このとき、範囲を限定しても、現論理データモデルや気付き表など、各作業の成果物は手を抜かないことです。なぜなら、本格的な活動を承認してもらうときの根拠となるからです。活動計画の承認時に根拠の有無は大きいので、手を抜かずに成果物を作成します。

コツ②やり抜く覚悟を持つ

　本書で紹介しているアプローチは、筆者が知る限りあまり前例はありません。ただ、ここまで本書を読み進めていただけた読者の皆さんは、きっと「本書のアプローチでやってみよう」と思われていると信じています。DXを推進するには、基幹システムをDX Readyにしておくことが欠かせません。「前例がない」という理由だけで反対する人が出てくるかもしれませんが、ぜひ、やり抜く覚悟を持って活動してほしいと思います。

コツ③仲間を見つける

　筆者の経験上、スモールスタートで活動し、徐々に活動が社内で認知され出すと、「実はデータマネジメントの導入を検討していた」「データの構造を見直したいと思っていた」「システムをスリムにする手法を探していた」など、多くの声がけをいただくことがあります。また、「データマネジメントの経験を積みたいので、ぜひ協力させてほしい」といった熱い言葉をいただくこともあります。同じ思いを持った仲間がいると、大変心強いものです。ぜひ、仲間を見つけるためにも、スモールスタートした結果は社内で広く報告するようにしましょう。

コツ④予算オーナーに早い段階で理解してもらう

　社内でスモールスタートした結果を報告する際、ステークホルダーを押さえてから報告します。特にシステム部門の予算を握っている予算オーナーを押さえておくのが重要です。活動に共感する仲間が集まってきても、本格的に活動するには予算が必要となります。そのため、予算のオーナーには早い段階から当活動を理解していただけるように報告しておきましょう。早い段階で理解いただければ、その後の分析作業を一気に進められます。

コツ⑤再構築計画（起案書）には「効果」を具体的に示す

　本格的に活動を開始するには、再構築計画（起案書）を策定する必要があります。その際、再構築計画（起案書）には「効果」を具体的に示します。その根拠とするために、スモールスタートで得られたムダの削減量を基に全体の削減量を算出します。例えば、スモールスタートした範囲の削減量を「1」としたとき、ある機能の削減量は半分の「0.5」くらいなど、他の機能を相対評価しながら削減量を算出します。

2-8-2　再構築計画（起案書）に記載する「効果」

以下、具体的な「効果」の例を示します。

効果①規模削減による固定費削減の見立て

削減規模を算出しても、効果が分かりづらいものです。システム規模の削減を固定費の削減へつなげて起案書に織り込みます。

ここで言う固定費は、維持・保守を担当しているシステム要員を指します。一概には言えませんが、システム規模に応じて要員数を決めていれば、固定費の削減量は規模の削減量におおよそ比例します。もし特殊な要因で維持・保守要員を増やしていれば、それも加味します。特殊な要因があるかどうかは、月単位で維持工数の構造を分析すると分かります。システムのムダを削減したら、どれくらい固定費を削減できるのか、定量的に算出します。

維持・保守をしているシステム要員が削減されると、悲観的な思いを持たれるかもしれませんので少し補足します。維持・保守を担当する要員は有識者であり、DX活動への配置換えなどが多いため悲観的になる必要はありません。システム部門の費用面から見ると、今までの固定費を減らし、その分をDXの費用に充てる企業は多いと思います。その流れで人も配置転換されることになります。

効果②源流でのデータ品質確保の重要性

本書で紹介している活動の効果は、固定費の削減だけではありません。基幹業務で必要なデータを、業務に沿った形で保有することになります。企業のDXにおけるデータ活用では、基幹システムのデータが重要になってきます。データ活用側から見るとデータの源流です。もし源流のデータ品質が悪いと、活用側で品質を担保しなければなり

ません。担保するにはデータをクレンジングするなどの作業が発生します。活用側が複数あれば、その分だけ費用が倍増していきます。

　データ活用側で品質を担保できればよいのですが、例えば複数システムでの異音同義データ項目の整合が取れないなど、データ活用側だけでは品質を担保できない事態も発生します。最悪のケースは、品質が悪いデータをそのまま全社データ活用基盤に集め、ユーザーにデータ活用を委ねてしまうことです。これでは、ユーザーはデータ活用できません。

　本書で紹介している活動の効果として、源流である基幹システムでデータ品質を確保できます。基幹システムのデータ品質確保は、全社データ活用時のコスト低減と実現に、重要な要素になります。

効果③業務変化への追随

　3つ目の効果として、業務変化に追随しやすくなることです。本書で紹介している活動は、基幹システムの再構築完了後にデータとそのプログラムロジックをシンプル・スリムにします。また業務で扱うデータの仕様や制約も明確になります。そのため、ユーザーの業務変化に伴うシステム変更の要望があった際、再構築前より早く対応できるようになり、システムの改修コストも低減できます。世の中の変化は読みづらく、変化が速いといわれますが、その業務変化にシステムが足かせにならないというのは、大きな効果といえます。

▎2-8-3　早期着手がコスト抑制のカギ

　本書で紹介している活動には一定のコストがかかるため、いつから実践するか判断に迷うかもしれませんが、早期に着手する方がトータルコストを抑えられます。着手が遅れれば遅れるほど、今このタイミ

ングでさえもムダなデータが作成され続けています。またシステム機能の改修を行っている場合は、現行保証をするために、ムダなロジックを生み出そうとしているかもしれません。これらは、再構築時に開発コストとなって跳ね返ってきます。そのため、可能な限り早期に基幹システムの再構築に着手し、DX Readyにすることを推奨します。

第3章

DX Readyを実現するシステム開発・維持フェーズ

3-1 システム開発・維持フェーズの プロセス・タスクの全体像

　レガシー化した基幹システムをDX Readyなシステムへと再構築し、その状態を維持し続けるには、システム開発・維持フェーズのプロセスを修正する必要があります※。従来のシステム開発・維持フェーズのプロセスには、スリム化やデータ品質向上といったDX Readyにするためのタスクは存在しないか、あるいは不十分だからで

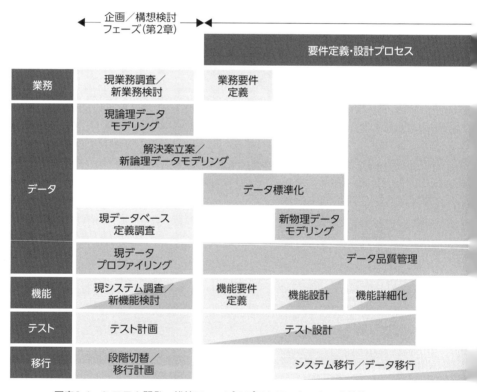

図表3-1　システム開発・維持フェーズのプロセス・タスクの全体像

す。本章では、「DX Readyを実現するシステム開発・維持フェーズのプロセス・タスク」を解説します。その特徴は、前章までに紹介しているように、データマネジメントに基づいていることです。

※ 本書で紹介するシステム開発・維持フェーズのプロセスは、基幹システムの再構築だけでなく、すべてを新しくする全面刷新や新規構築でも有効です。

なお、システムの再構築にはいくつかの方法がありますが、抜本的なスリム化やデータ品質を向上させるにはシステム設計の見直しが必要不可欠となるため、本書ではシステム設計を見直して再構築する「リビルド」を採用します※。

※ その他、「リホスト」「リライト」という方法がありますが、それらは基本的にはシステム設計を変えない手法です。

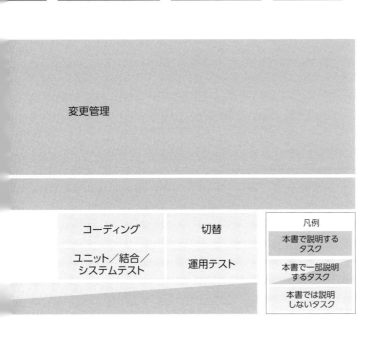

DX Readyを実現するシステム開発・維持フェーズのプロセス・タスクの全体像は**図表3-1**の通りです[1]。横軸がプロセスで、プロセスの下の網掛けになっている長方形がタスクです。参考までに、左端には第2章で説明した「企画／構想検討フェーズ」のプロセスを掲載しています[2]。縦軸（「業務」「データ」「機能」「テスト」「移行」）はタスクの分類で、本章ではこの図を基にプロセスごとにタスクを詳しく解説していきます。なお、複数プロセスを横断するタスクについては、「変更管理」「データ品質管理」は維持プロセスで説明し、「システム移行／データ移行」は（図ではプロセスとしていませんが）「移行プロセス」として説明します。

[1] 本章では、DX Readyに向かう上で重要なデータとそれを適切に扱うアプリケーション機能に関するプロセスを中心に述べています。サーバー、ネットワーク、ストレージといったハードウエアや、ソフトウエアの中でもOSやミドルウエアに関するものは、物理か仮想かにかかわらず、含めていません。ハードウエア、OS、ミドルウエアに関する非機能要件についても同様です。

[2] 第2章ではプロセスと呼びましたが、図ではタスクを示す長方形で表しています。

　多くの企業には慣れ親しんだシステム開発方法論があると思いますので、新たな方法に一新するより、慣れ親しんだ方法にDX Readyを実現するためのタスクを追加・強化したり、タスクの実施順序を変更したりするのが現実的だと思います。そこで本章では、DX Readyを実現するために、特に注意すべき点に絞って説明します。ポイントは、すべての開発・維持プロセスにおいて、データに関するタスクを先行させることです。DX Readyに向けて、スリム化はデータから始め、データ品質を向上させてからアプリケーション開発に進むことが重要です。なお、以下の説明において「従来通りに」というのは、「読者が慣れ親しんだ方法で」という意味であり、その部分の説明はしておりません。

　それでは、「システム開発・維持フェーズのプロセス・タスク」を説明します。まずは全体をつかむために、各プロセスの概要を紹介します。

3-1-1 プロセス概要

要件定義・設計プロセスの概要

　抜本的なスリム化を実現し、今後の環境変化にもスリムさを維持して対応できるようにするには、システム全体の骨格となるデータモデルが強固かつ、データを扱うアプリケーションがシンプルでなければなりません。

　「要件定義・設計プロセス」では、データに関するタスクとして「新論理データモデリング」「データ標準化」「新物理データモデリング」を実施し、データを扱うアプリケーションをシンプルにするタスクとして「新論理データモデルに基づく機能設計」「新物理データモデルに基づく機能詳細化」「テスト設計」を実施します。

　既存の要件定義・設計プロセスにおける「業務要件定義」や「機能要件定義」にデータに関するタスクが埋もれている場合は切り出して、機能に先行して実施します。

　「新論理データモデリングタスク」は、企画／構想検討フェーズで作成した新論理データモデル※、現論理データモデル、課題管理表をインプットとし、企画／構想検討フェーズで使用したデータモデリング技術を活用して新しいデータ構造を分析します。業務要件やバックログの取り込みもこのタイミングで実施します（詳細は **3-2** で解説）。

※ 企画／構想検討フェーズでは通常完成していないため、システム開発フェーズの要件定義・設計プロセスで完成させます。段階切替を実施する場合は、過渡期論理データモデルを使用します。

　「データ標準化タスク」は、現データベース定義、新論理データモデル、課題管理表をインプットとし、既存のデータ設計を是とせず、スリム化の達成に向けてコード体系の見直しも含めてデータの型決め

（標準化）を実施します。データ設計間のバラツキを抑えて高品質なアプリケーション設計につなげることが目的で、標準化したデータ項目を使うことで、データベース設計やアプリケーション設計も標準化します（詳細は**3-4**で解説）。

「新物理データモデリングタスク」は、新論理データモデルとデータ標準化の成果物をインプットとし、新システムのデータベースに実装することを前提に、新業務・システムで管理する情報の物理構造（物理データモデル）を設計します。データ標準化を適用したデータ項目を使うことで、データベース設計を標準化します（詳細は**3-5**で解説）。

「新論理データモデルに基づく機能設計タスク」は、新論理データモデルをインプットとし、データモデルと整合する画面や帳票といったインターフェース機能を設計します（詳細は**3-3**で解説）。

「新物理データモデルに基づく機能詳細化タスク」は新物理データモデルとデータ標準化の成果物をインプットとし、アプリケーションの内部処理の詳細を設計します。内部処理で使用するデータ項目を標準化しながら詳細設計を進めます（詳細は**3-6**で解説）。

「テスト設計タスク」では、テストのインプットとなる正しい仕様とデータを定義します。新論理データモデル（および、それに付帯するデータ関連のドキュメント）には、業務要件に基づいてデータ項目間の満たすべき制約条件が記載されていますので、それを基に、テストのバリエーションの設計とテストデータを準備します（詳細は**3-8**で解説）。

コーディング・テストプロセスの概要

コーディング・テストプロセスでは、要件定義・設計プロセスで作

成した正しい仕様と設計に沿ったアプリケーションをコーディング
し、その検証のためのテスト（ユニットテスト／結合テスト／システ
ムテスト）を実施します。このプロセスにおいて仕様や設計に誤りが
あった場合は、必ず新論理データモデルに立ち返って、後述する変更
管理の手続きに沿って修正を実施します。これ以外は、どのような開
発アプローチでも構わないため、本書では特に説明はありません。

　要件定義・設計プロセスで定めた正しい仕様と設計に基づいてコー
ディング・テストが行われさえすればよく、従来通りのアプリケー
ション開発フレームワークやテストフレームワークに沿って実施して
ください。

　もっとも、要件定義・設計プロセスで対象領域の業務知識（ドメイ
ン知識）が正確かつ網羅的に把握できるため、オブジェクト指向開発
やドメイン駆動型開発とも相性がよく、マイクロサービスアーキテク
チャーにおけるサービス分割の検討がしやすくなるなど、より効率的
なアプリケーション開発にもつながりますが、本書の範囲を逸脱する
ため説明は省きます。

運用テスト・切替プロセスの概要

　運用テスト・切替プロセスでは、新システムの実際の運用環境を
用いてユーザーが業務を問題なく実施できるかどうかを確認する「運
用テストタスク」と、運用テスト後の本番環境への「切替タスク」を
実施します。このプロセスにおいて仕様や設計に誤りがあった場合、
コーディング・テストプロセスと同様に、必ず新論理データモデル
に立ち返って、変更管理の手続きに沿って修正を実施します。DX
Readyとしての注意点はそれだけですので、これ以上の説明は本書で
はありません。

移行プロセスの概要

　「移行プロセス」では、要件定義・設計プロセスとコーディング・テストプロセスを横断して、「システム移行タスク」と「データ移行タスク」を実施します。

　「システム移行タスク」については、ハードウエアやOS、ミドルウエアとの関係が深いため、本書での説明はありません。

　「データ移行タスク」は、新業務で必要となるデータを、現行システムに蓄積されたデータや、現行業務で扱っているファイルや帳票などのデータから新システムに移行します。現行システムからのデータについては、新システムで必要とするデータに限って移行します。この実現には、企画／構想検討フェーズで調査した現論理データモデル、および、課題管理表と、要件定義・設計プロセスで作成した新論理データモデルを突き合わせ、業務的観点からデータの移行要否と変換仕様が定められていることが前提となります。業務的観点でデータ移行仕様が定められていれば、システム的観点での旧テーブルから新テーブルへの移行設計は容易なものとなります（詳細は **3-7** で解説）。

維持プロセスの概要

　「維持プロセス」では、システム再構築で整備・改善したデータ品質が後の追加開発や運用で劣化しないよう、「変更管理タスク」と「データ品質管理タスク」を実施します。

　「変更管理タスク」は、データモデルをはじめとする、データ関連成果物の変更に対する統制をシステム再構築の設計段階から始め、新システムがカットオーバーした後も開発時と同じ仕組みで継続します（詳細は **3-9** で解説）。

「データ品質管理タスク」は、要件定義・設計プロセスでデータの品質目標を定めて計測（アセスメント）の実施サイクルを決め、維持プロセスにおいて定期的に実施し、データに問題があった場合は改善アクションにつなげます（詳細は3-10で解説）。

3-1-2　実施体制

システム開発・維持プロセスの実施に当たっては、「業務仕様有識者」「システム仕様有識者」「データマネジメント有識者」の参画が必須となります。

「業務仕様有識者」は、業務、および、業務で扱うデータに関して正しい仕様を判断できる人で、たいていはユーザーです。ユーザーとDX Readyに向けた方向性を合意し、システム開発の各段階で協力を得られるように関係の構築ができていることが重要です。また、現行システムの維持担当者も、ユーザーに準じた業務仕様有識者となる場合もあります。

「システム仕様有識者」は、データがシステム内でどのような仕様で取り扱われているかを正しく判断できる人で、現行システムの開発担当者や現行システムの維持担当者が候補となります。システム開発・維持を外部ベンダーに委託している場合は、委託先のメンバーが候補となる場合もあります。企画／構想検討フェーズで現論理データモデリングと現データプロファイリングを経験した方はシステム仕様について明るくなるため、その方が引き続き参画することで、システム仕様有識者を兼ねることも可能です。いずれにせよ、システム開発の各段階で協力を得られるような体制を構築します。

「データマネジメント有識者」は、データモデリングやデータプロ

ファイリングをはじめとするデータマネジメントにたけた人です。現行システムの開発・維持体制にはいないことが想定されますので、自社内を探しても人材が見つからない場合、業界団体やコミュニティーなどを活用し、社外に協力者を見つけて推進体制に組み入れることも検討します。

　以降の節では、各タスクについて「概要」「インプット」「詳細説明」「アウトプット」「留意点」「工夫点」を説明します。

3-2 新論理データモデリングタスク

3-2-1 新論理データモデリングタスクの概要

　本書における新論理データモデリングとは、これからの業務・システムで管理対象とする情報を分析し、その構造を定められた表記法・作成ルールに従って新たな論理データモデルとして形式的に記述することを指します。現行の業務・システムで管理している情報を分析する現論理データモデリングに対して、新論理データモデリングと呼びます。

　新論理データモデルはDX Readyな新システムを下支えする根幹となるもので、最も重要なアウトプットの一つです。本節以降のアウトプットはすべて新論理データモデルに基づいて作成され、常に新論理データモデルとの間で整合している必要があります。

3-2-2 新論理データモデリングタスクのインプット

　新論理データモデリングタスクのインプット情報（タスクを実施するために必要な情報）は**図表3-2**です。いずれも、企画／構想検討フェーズで作成および集約したものです。

図表3-2　新論理データモデリングタスクのインプット情報

インプット情報	概要
新論理データモデル（企画／構想検討フェーズで作成したもの）	企画／構想検討フェーズのスリム化施策を漏れなく取り込むために使用します。企画／構想検討フェーズでは通常完成していないため、本タスクで完成させます
現論理データモデル	これからの業務・システムでも引き続き管理対象とする現システムの情報を、移行できる形で漏れなく新論理データモデルに取り込むために使用します
課題管理表（出元の現データプロファイリング結果も使用）	新システムをスリムな状態に保つため、ムダなデータ項目を新システムに持ち込まず、問題のあるデータ定義を新論理データモデルで見直すために使用します。スリム化およびデータ品質に関わる課題のつぶし込みにも使用します
現論理データと現データベース定義のマッピング表（現エンティティー×現テーブル対応表）	スリム化およびデータ品質に関する課題の解決策を新論理データモデル上で検討する際に、問題のあるデータ構造と実データの間の関係を把握するために使用します
スリム化施策以外の新業務要件	スリム化の施策以外にも、ユーザーからの新たな業務要件があれば反映します
バックログ	現行システムで未解決の問題があれば、解決策を同時に検討します

3-2-3　新論理データモデリングタスクの詳細説明

新論理データモデリングタスクにおける、データモデリングの手順そのものは、「2-3-2　現論理データモデリング作業の詳細」で述べた手順と変わりません。以下では、インプットとなる情報の扱い方についての詳細を述べます。

（1）業務領域ごとに進め方を決める

新論理データモデリングは、業務領域ごとに進め方を決めます。企画／構想検討フェーズで新論理データモデルを描いた業務領域は「新論理データモデルをベースにする進め方」、そうでない業務領域は「現論理データモデルをベースにする進め方」になります。業務領域ごとに進め方を変え、後にそれらを統合し、システム全体の新論理データモデリングを実施します。

「新論理データモデルをベースとする進め方」は、企画／構想検討フェーズで作成した新論理データモデル（段階切替を実施する場合は

過渡期論理データモデル）をベースに、現システムで管理する情報のうち新システムでも引き続き管理対象とする情報を加え、新論理データモデルを成長させます。抜本的なスリム化が可能ですが、業務運用を変更することになりますので、変更を受け入れられる業務領域に限定されます。この進め方のメリットは、抜本的なスリム化に向けてあるべき姿を追求できることです。デメリットは、あまりにも現実とかけ離れてしまうと、現行業務運用の保証や現システムで管理しているデータの新システムへの移行が困難となることです。

　「現論理データモデルをベースとする進め方」は、企画／構想検討フェーズで作成した現論理データモデルをベースに、スリム化やデータ品質向上の課題と新業務要件やバックログを加味して新論理データモデルを作成する手順になります。スリム化やデータ品質の課題への取り組みを地道に積み重ねていくことに向いている進め方で、現行業務や管理情報に大きな変更がない業務領域に向いています。この進め方のメリットは、現行業務運用の保証や現システムで管理しているデータの移行がしやすくなることです。デメリットは、現行の業務・システムの仕様に引きずられ、スリム化やデータ品質向上に制約が生じることです。

(2) データのスリム化

　どちらの進め方でも、課題管理表に挙がったデータの問題をインプットとし、それらを解決、もしくは、是正する方法を分析・検討して新業務運用の実態と合った論理データモデルを描きます。プロファイリング結果で不要項目と判断した項目が新業務運用の中でも本当に不要かどうかをユーザーに確認した上で、不要なら新論理データモデルから省きます。

　複合構成やダブルミーニングのように、判断の複雑化をもたらす問題のあるデータ定義は、業務の実態を踏まえてデータ項目を分割した形で再定義し、新論理データモデルに描きます（**図表3-3**、**図表3-4**）。

- 複合構成を持つ項目「受注番号」の分割

Before

受注テーブル

受注番号	顧客番号	商品番号	…
1232306240015	C0001	S1255	
8232306250001	C0128	S4450	
9992306250002	C0156	S3392	

受注番号
=店舗コード3桁+年月日6桁+連番4桁

図表3-3　複合構成の分割の例

- 項目「データ区分」の値によってレコードの読み方が変わる請求テーブルの分割

Before

請求テーブル

データ区分	請求番号	請求日	…
1	10001	2022/12/14	
1	10002	2022/12/14	
2	M0001	2022/12/15	
1	10003	2022/12/16	

データ区分=2の場合、
請求テーブル.請求番号には見積番号が入り、
請求テーブル.請求日には見積日が入る

図表3-4　ダブルミーニングの解消の例

After

新論理データモデルに従って項目を分割

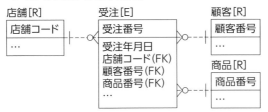

店舗[R] 受注[E] 顧客[R]

店舗コード	受注番号	顧客番号
…	受注年月日 店舗コード(FK) 顧客番号(FK) 商品番号(FK) …	…

商品[R]

商品番号
…

新論理データモデルに従って項目を分割

受注テーブル　　　　　　　　　　　　　　　　　　※受注番号は振り直し

受注番号※	受注年月日	店舗コード	顧客番号	商品番号	…
J0000001	2023/06/24	123	C0001	S1255	
J0000002	2023/06/25	823	C0128	S4450	
J0000003	2023/06/25	999	C0156	S3392	

After

新論理データモデルを描き、混在する業務要素を分解

見積もり[E] 請求[E]

見積番号	請求番号
見積日	請求日
…	…

新論理データモデルに従ってテーブルを分割

見積もりテーブル

見積番号	見積日	…
M0001	2022/12/15	

請求テーブル

請求番号	請求日	…
10001	2022/12/14	
10002	2022/12/14	
10003	2022/12/16	

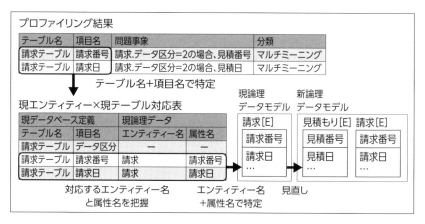

図表3-5　現エンティティー×現テーブル対応表の活用例

　現論理データと現データベース定義のマッピング表（現エンティティー×現テーブル対応表）は、データの問題が新論理データモデル上のどこに位置付けられるかを把握するために用います（図表3-5）。初めに、現データプロファイリングで抽出したデータの問題、すなわち、あるテーブルのある列におけるデータの問題が、現論理データモデル上のどのエンティティーのどの属性におけるものなのかを項目レベルで対応付けます。続いて、その属性が新論理データモデル上のどのエンティティーのどの属性に位置付けられるのかを把握します。新論理データモデルの該当箇所は、そのデータの問題を解決した形で描きます。

（3）失われたデータ定義を補完

　データの定義情報が失われている場合、この時点で補完し、論理データモデルの各属性の定義に記載します。例えば、データ項目そのものの説明がなかったり、区分コードの示す値の意味が不明となっていたりするケースが該当します。課題管理表と現データプロファイリング結果を基に、その項目にどのようなデータが格納されているかを把握し、業務仕様有識者やシステム仕様有識者にその事実を伝え、業務やシステムでの取り扱いの実態をヒアリングし、データの定義情報を補

完します。失われたデータ定義について調査の手がかりが得られない場合は、現システムの仕様書やプログラムソースを調べることもあります。

（4）新業務要件やバックログの取り込み

スリム化以外の新業務要件や未解決のバックログは、新論理データモデル作成時に併せて検討します。ユーザーからの要望の強さや対応の優先順位、期待される効果などを鑑みて、DX Readyに向けた取り組みと矛盾しないように取り込みを検討します。新業務要件およびバックログのいずれかにかかわらず、これからの業務で管理が必要となる情報を項目レベルで明らかにし、新論理データモデル上でその項目をどのように扱うかを明確にします。

これらの項目がどのエンティティーのどの属性に対応付けられるか、あるいは単純な対応ではなく項目間の演算で導出するのか、といった扱いを新論理データモデル上で明確にすることで新業務要件およびバックログの取り込みを実施します。

3-2-4　新論理データモデリングタスクのアウトプット

新論理データモデリングタスクのアウトプット（成果物）は「新論理データモデル」です。「新論理データモデル」には、「新論理データ（エンティティー）定義」を含みます。市販のデータモデリングツールには、データモデルからエンティティー定義をエクスポートする機能を持つものがあります。データモデリングツール上で新論理データ（エンティティー）の定義情報（属性の定義情報を含みます）を記述し、エクスポートするとよいでしょう。

このアウトプットは、これからの業務・システムで管理を必要とする

図表3-6　新論理データモデリングタスクのアウトプットの検証ポイント

検証ポイント	観点
スリム化施策を反映している	●スリム化施策による変更点を反映した新論理データモデルになっている ●不要なデータ項目が排除されている
データ定義に関する問題を解決している	●複雑化をもたらすデータ定義が解消され再定義されている ●不明だったデータ項目の定義やコード値の表す意味が明らかになっている
現論理データモデルとの差異が明らかになっている	●現・新論理データモデル間の差異が、属性レベルで網羅的に把握できている
新業務要件やバックログの解決策を反映している	●スリム化施策以外の変更点が新論理データモデルに正しく表現されている
新論理データ（エンティティー）定義を作成できる	新論理データモデルの定義情報を使って、新論理データ（エンティティー）定義が作成できる

図表3-7　現・新エンティティー対応表の例

現論理データ		新論理データ		補足説明
エンティティー名	属性名	エンティティー名	属性名	
請求	請求番号	見積もり	見積番号	請求エンティティーから分離
請求	請求番号	請求	請求番号	見積番号は含まない
請求	請求日	見積もり	見積日	請求エンティティーから分離
請求	請求日	請求	請求日	見積日は含まない

情報が正しく写像されていることに加え、**図表3-6**の観点で検証します。

　図表3-6の「現論理データモデルとの差異が明らかになっている」を補完・検証するドキュメントとして、現論理データと新論理データのマッピング表（現・新エンティティー対応表）の作成を推奨しています。現論理データモデルと新論理データモデルとの差異は、お互いを照らし合わせて見比べると人の目でも把握できますが、細部にわたっての検証は人の目だけに頼らず属性レベルで実施すべきです。

　また、現論理データと新論理データのマッピング表を作成することで、業務的な観点で移行が可能かどうかの検証がしやすくなります。現論理データから新論理データに無理なくマッピングされているかど

うかを検証することによって、移行できそうかどうかを把握しやすくなります（**図表3-7**）。

3-2-5　新論理データモデリングタスクの留意点

新論理データモデリングタスクでは、次に示す留意点があります。

留意点（1）新業務・システムで管理する情報分析を主な目的として実施する

新論理データモデルは、データベース設計を目的に作成するものではありません。ここで作成するデータモデルは、これからの業務で管理する情報を分析して形式的に写像したモデルであり、現論理データモデルと同様に、データベースの物理実装に依存しないものとなります（データベース設計については、新物理データモデリングの節で説明します）。

留意点（2）定められた表記法・方法論に従って一貫した形式で作成する

データモデルの表記法および方法論については、企画／構想検討フェーズで現論理データモデル作成時に採用したものと同じものを使用します。現論理データモデルと新論理データモデルを常に比較参照しながら分析を進めていくため、現・新双方の論理データモデルは同じ表記法、方法論を用いて等しいレベルで記述されていなければならないからです。データモデルの表記法および方法論の詳細については、Appendixを参照してください。

留意点（3）現行業務・システムで管理する実データの問題点をインプットとする

現行基幹システムが抱えるスリム化およびデータ品質向上の課題を

解決し、DX Readyとするため、課題管理表に挙がった実データの問題点をインプットとしています。現状管理している実データの統計的傾向、および、ムダにつながるデータの問題の発生状況を明らかにした上で、スリム化やデータ品質の課題を解決する新論理データモデルを描きます。

留意点（4）現データベース設計書は原則として　　　　　　　インプットとしない

　インプットかつ比較対象とするのは同じレベルで記載された現論理データモデルです。現データベース設計書と同じレベルで対応するのは後に作成する新データベース（テーブル）設計書となり、新論理データモデルとは対応関係が異なります。分析を目的とした新論理データモデルの作成に、データベース設計を目的に過去につくられた現データベース設計書はインプットにはならないということです。

留意点（5）新機能設計に先行して実施する

　新機能を決めてからその機能が扱うデータ設計を実施するのではなく、業務で扱うデータの管理方法を分析した後、そのデータを適切に扱うための機能を設計する流れになります。すなわち、業務→機能→データの順ではなく、業務→データ→機能の順で進めます。これは以降のプロセスにおいても同様で、常にデータが機能に先行します。

留意点（6）アウトプットは物理 E-R 図ではない

　新論理データモデルはテーブル間の関係を表した物理E-R図ではありません。データベース設計が目的ではないことともつながりますが、新論理データモデルは業務で管理するデータ間の関係を示したデータモデルです。新論理データモデルに登場するエンティティーはテーブルとイコールではありません。

3-2-6 新論理データモデリングタスクの工夫点

　実案件で起きた問題などを基に、その際の検討事項や解決策などを工夫点としてまとめます。

工夫点（1）新論理データモデリングの進め方の選択

　企画／構想検討フェーズのスリム化施策で新論理データモデルを描いた業務領域であるか否かで進め方を変えているのは、期間・コストと得られる効果の比較の面から現実的ではないからです。ユーザーとの合意形成が特に必要な箇所に絞って、新論理データモデルを部分的に作成するアプローチを採用します。スリム化施策には上がっていない業務領域も、新論理データモデルを描いた業務領域と同様に進めていく必要があるため、現論理データモデルをベースに見直します。業務領域間の整合性を確保するため、それぞれの業務領域で描いた新論理データモデルを最後に統合します。

工夫点（2）移行を含めた実現性の確保

　新論理データモデルの作成時点で、移行を含めた実現性の見極めが難しい箇所があります。スリム化施策で理想的な新データモデルを描いたとしても、これからの業務運用では成立しないものや、現行システムから踏襲するデータの移行ができないものを描いてしまえば、新システムとして実現できないものとなってしまうからです。これらについては、移行検討に先立って新論理データモデル作成中に見極めることがポイントです。アウトプットの説明で述べた現論理データと新論理データのマッピング表（現・新エンティティー対応表）を活用し、業務仕様有識者とシステム仕様有識者の知見も加えて、現論理データモデルと新論理データモデルの間で問題なく属性レベルでマッピングされるかどうか、実現性の確保について念入りに検討を重ねることで対応します。

工夫点（3）データの問題点の解決策を検討

　現データプロファイリングの結果、データに関する問題が大量にあると、個別に解決策を検討するのは困難という状況になることがあります。そのような場合、類似性の高い傾向を持つデータの問題をグルーピングし、グループごとに大まかな改善方針を定める方法が効果的です。個々の改善策の実施は、以降のデータ標準化、新物理データモデリング、データ移行のそれぞれの段階で実施します。

3-3 新論理データモデルに基づく機能設計タスク

3-3-1 機能設計タスクの概要

　本書での機能設計は、画面や帳票のように人とシステムの間のインターフェースの設計や、外部システムとシステムの間のインターフェース（以降、「外部インターフェース」と呼びます）の設計を指します。機能設計は従来のシステム開発においても当然実施されていますが、データ先行とするためインプットとして新論理データモデルを用いることが特徴です。機能設計を実施することで、外界とシステムの間の境界線をはっきりさせることができます。この段階では、画面や帳票および外部インターフェースにおける内部処理の詳細は対象としません。データベース設計は、新物理データモデリングで説明します。

3-3-2 機能設計タスクのインプット

　機能設計タスクのインプット情報は**図表3-8**です。

図表3-8　機能設計タスクのインプット情報

インプット情報	概要
新論理データモデル	これからの業務・システムで管理するデータについて、その細部にわたって正確に仕様を把握し、データの制約事項に矛盾しない機能を設計するために使用します。機能先行とならないよう、機能設計の最初のインプットとして位置付けることが重要です
業務要件定義の各種成果物	ユーザーの業務要件を正しく反映した機能を設計するために、要件定義のうち業務に関する要件（業務要件）をまとめたものをインプットとして用意します。業務要件は一般的に、ユーザーとの間の検討・合意を経て、要件定義の成果物として業務要件定義書（もしくは要件定義書における業務要件のパート）にまとめられています
機能要件定義の各種成果物	機能要件を正しく反映した機能設計とするため、ユーザーとの間で合意した機能要件定義書（もしくは要件定義書における機能要件のパート）を用意します

3-3-3　機能設計タスクの詳細説明

　新論理データモデルを主たるインプットに用いて、新論理データモデルと整合する形で、シンプル・スリムな機能を目指して機能設計を実施します。従来の機能設計の進め方と同様に、機能要件定義の各種成果物も機能設計のインプットとしてもちろん使用しますが、扱う順序は新論理データモデルが先です。これからの業務・システムで管理するデータをどのような機能で扱うか、という視点で機能設計を進めることがシンプル・スリムな設計を実現するポイントとなるからです。

　以下では、新論理データモデルに基づく機能設計の具体的な進め方について、新論理データモデルをインプットとしてどのように扱うかについての詳細を述べます。機能設計（画面設計、帳票設計、外部インターフェース設計）そのものは、従来通り実施してください。

（1）機能設計で扱うデータ項目には新論理データモデルの属性を用いる

　業務要件もしくは機能要件（画面や帳票のイメージ、外部インターフェースのレイアウトイメージ）に登場するデータ項目が新論理データモデルの属性として存在し、その取り扱いが新論理データモデル上で明確になっていることを確認します。各機能で扱うデータ項目が新論理データモデルの属性もしくは属性間の演算によって導出できることを確認した上で、それらの属性を用いて機能設計を実施します。機能設計中に新論理データモデルの属性の不足が判明した場合は、新論理データモデルへの追加を検討し、変更内容を反映します。

（2）新論理データモデルの制約と整合するシンプルなレイアウト設計

　新論理データモデルに基づいて新しいデータと既存のデータを扱う単位やデータ間の依存関係に矛盾がないように、画面や帳票、外部イ

ンターフェースの設計を進めます。新論理データモデルに表現された関係の多重度をはじめとする制約に基づき、それと矛盾のない形で画面や帳票、外部インターフェースのレイアウト設計を進めます。

　機能設計を始める時点で、既に画面や帳票のイメージ、外部システム間のインターフェースのレイアウトイメージが機能要件定義の成果物としてそれぞれ一部出来上がっていることは多いでしょう。業務要件を新システムでどのような機能として扱うかをユーザーとの間で検討・合意を進める上で、それらが必要とされ、作成されるからです。

　しかし、これをそのまま受け入れると各機能においてデータの扱いが複雑になることがあります。ユーザーとの合意は必要となりますが、思い切って新論理データモデルに合わせて、画面や帳票、外部インターフェースを分割するなど、シンプルな設計を目指します。

（3）新論理データモデルに表現されていない業務要件、 機能要件の取り込み

　新論理データモデルに基づくレイアウト設計にめどがついた後に、新論理データモデルには表現されていない業務要件および機能要件があれば、それを取り込みます。これは従来通りに進めてください。

3-3-4　機能設計タスクのアウトプット

　機能設計のアウトプットは、インターフェース（人とシステムの間のインターフェース、外部インターフェース）を定めた機能設計書です。機能設計書に含まれる典型的な例としては、「画面設計」「帳票設計」「外部インターフェース設計」が挙げられます。

　アウトプットが新論理データモデルに基づいて十分なレベルに達し

図表3-9　機能設計タスクのアウトプットの検証ポイント

検証ポイント	観点
ユーザーが見たい情報（画面や帳票のレイアウト）と新論理データモデルが示す関係との間に不整合がない	● 新論理データモデル上の1対1以上の関係が、画面や帳票のヘッダー部と明細部の関係と対応している（明細部にヘッダー部の情報が入り込む、ヘッダー部に明細部の情報が入り込む、といった不整合がない） ● 画面や帳票で出力する各項目を新論理データモデル上の関係から追える（あるエンティティーと関係を持たないエンティティー内の属性が、1つの画面や帳票上のデータ項目として同居している、といった不整合がない）
外部システムとやりとりする情報（外部インターフェースのレイアウト）と新論理データモデルが示す関係との間に不整合がない	● 新論理データモデル上のエンティティーの組み合わせから、外部インターフェースのレイアウトが生成できる形となっている（多重度の関係から複数件のレコードが抽出されるが、そのうち1件だけしか格納できない外部インターフェースのレイアウトになっている、といった不整合がない）
各機能で扱うデータ項目が新論理データモデル上で明らかになっている	● 各機能で扱うデータ項目が新論理データモデル上の属性として表現されている、もしくは属性間の演算によって導出できる状態になっている（多重度の関係から演算対象のレコードを1件に特定できず演算不能となる場合がある、といった不整合がない）

ているかどうかについては、**図表3-9**のポイントで検証します。

　必要なレベルに到達していない場合、新論理データモデルとの間の整合検証が不足していますので、追加検証を実施した上で、必要に応じて機能設計を見直します。新論理データモデル側に誤りがある場合は、新論理データモデルを見直します。ただし、機能設計に合わせる目的で新論理データモデルを変更してはいけません。業務で管理するデータの論理構造をゆがめることにつながり、その情報を扱うユーザーの業務運用もゆがめ、データも業務も複雑にしてしまうからです。

　なお、機能設計そのものが上記以外の観点で十分かどうかの検証は、従来通り実施してください。

3-3-5　機能設計タスクの留意点

　新論理データモデルに基づく機能設計の実現には、以下の留意点があります。現状の機能設計作成プロセスや機能設計担当者が以下の留

意点を満たしていない場合、システム開発プロセスの見直しや実施順序の組み替え、およびシステム開発者に対するデータモデリング教育をお勧めします。

留意点（1）業務で管理する情報を適切に扱うための機能を シンプルに設計する

　業務で管理を必要とするから情報が存在し、情報をデータとして適切に処理する必要があるから機能が存在します。一方で、業務をプロセスに細分化して機能を抽出し、各機能で扱うデータを機能ごとに設計する行為が過去なされてきた歴史があります。これは機能とデータが重複するレガシーなシステムを生み出す、レガシーなシステム開発の進め方です。時と場合によっては有効となることもなくはありませんが、基幹システムをDX Readyにする際の進め方としては向いていません。情報を適切に扱うための機能設計、すなわち新論理データモデルに基づく機能設計を実施します。

　新論理データモデルをインプットとして扱わないまま機能設計を進めると、スリム化の方針に合わない複雑な機能を生成することにつながります。

　新論理データモデルを無視して機能設計を進めると、データを扱う機能とデータとの間にギャップが生じます。これは、ユーザーが画面や帳票で見たい形と新論理データモデルで描いたデータ構造との間の不整合といった形で表れます。また、現行システムの画面や帳票などの機能において既にデータ構造との間にギャップがある状態で現行機能をそのまま踏襲して機能設計を進めることで、データを扱う機能とデータとの間のギャップを新システムに引き継いでしまうこともあります。

このギャップは、データの重複と本来不要なはずの余分な機能を生み出します。画面の入出力や帳票の出力に必要だからと、ギャップを埋め合わせるために他と重複する複製データを持たせるテーブルが設計され、複製元のテーブルとの間に矛盾を発生させないために本来は必要ないはずの同期や制御の機能が新たに必要となる、といった具合です。

加えて、埋め合わせし切れなかったギャップは後のシステム開発プロセスで不整合として顕在化し、手戻りとなって返ってきます。不整合解消のための小手先のつじつま合わせによってさらなる複雑化を招くことにもつながります。

新論理データモデルと整合する設計を進めることがポイントで、そうすればシンプル・スリムな機能の実現につながります。

留意点（2）機能設計を実施するシステム開発者はデータモデルを読み書きできること

新論理データモデルが機能設計のインプットとなるため、機能設計を実施するシステム開発者はデータモデルを読め、必要に応じて加筆・訂正ができる必要があります。新論理データモデルはスリムでシンプルな新システムの実現にとって最も重要なものの一つです。システム開発者は等しくそれを読み書きし、適切に扱えなければなりません。

留意点（3）データと機能の間の整合性を検証する

新論理データモデルに基づいて機能設計を実施した後、必ず、機能設計と新論理データモデルとの間に矛盾や不整合がないかを検証します。新論理データモデルをゆがめた機能設計になっていないか、あるいは機能設計が新論理データモデルをゆがめていないか、データのインスタンス（実データの例）を用いて机上検証をします。

3-3-6　機能設計タスクの工夫点

　実案件で起きた問題などを基に、その際の検討事項や解決策などを工夫点としてまとめます。

工夫点（1）論理データモデルに基づく画面・帳票の
　　　　　　レイアウト設計方針を定める

　機能設計を行うシステム開発者が論理データモデルに基づいて画面・帳票のレイアウト設計をする際に悩まないよう、論理データモデルに登場するエンティティーの種類とそれらの間の関係の典型から、画面・帳票のレイアウトを設計する際の設計方針を定めるといいでしょう。

　例えば、1対1以上の関係のうち、ヘッダー部と明細部に分かれる関係となるものについては、ヘッダー部の項目を画面や帳票の上部に配置し、左から右、上から下の順に項目を並べ、明細部についてはスプレッドシート形式で左から右に項目を並べて表現する、といったものです。

　機能の複雑化を防止するため、スプレッドシート内スプレッドシートは禁止し、明細の明細となる部分については画面を分ける、といった各種ルールやガイドラインも盛り込みます。これらの設計方針は、「論理データモデルを活用したシステムシンプル化ガイドブック」としてまとめ、システム開発者に活用してもらうと効果的です（**図表3-10**）。

工夫点（2）インスタンスを用いた機能とデータとの間の机上検証

　各機能における登録、参照、更新、削除といった操作によってデータが正しく生成、参照、更新、削除され、かつデータ間で矛盾や不整

- 多値の関係の画面レイアウトは、ヘッダー部と明細部に分け、明細部はスプレッドシートを用いる

論理データモデル

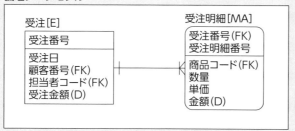

多値の多値の関係となる場合は、スプレッドシート内にスプレッドシートを用いず、
スプレッドシートの明細行をヘッダーとする画面を別に用意する

図表3-10　論理データモデルを活用したシステムシンプル化ガイドブックの例

業務概要	受注業務

関連する論理データ	論理データ（エンティティー）	種別
	受注	イベント
	受注明細	イベント

データセット例

(1)受注登録
　受注を1件、受注明細を2件登録

　①受注

受注番号	受注日	顧客番号	担当者コード	受注金額(D)	
J0000001	2023/06/24	C00002	T00001	490,000	
J0000002	2023/06/25	C00005	T00003	800,000	追加

　②受注明細

受注番号	受注明細番号	商品コード	数量	単価	金額(D)	
J0000001	1	S00002	5	98,000	490,000	
J0000002	1	S00001	2	155,000	310,000	追加
J0000002	2	S00002	5	98,000	490,000	

(2)受注取消
　受注を1件取消
　…

図表3-11　論理データ管理要件の例

画面レイアウト

受注画面				
受注番号:J0000002		受注日:2023/06/25		
顧客:C0001 高橋次郎				
担当者:T0001 山田太郎				

商品コード	商品名	数量	単価(円)	金額(円)
S00001	パソコン	2	155,000	310,000
S00002	タブレット	5	98,000	490,000
			合計金額:800,000円	

合が発生しないかどうかを検証します。機能設計の時点では新論理データモデルを満たす実データは存在しないため、インスタンスの例を用いた机上での検証です。

初めに、各機能で扱う対象とするデータセットが新論理データモデルのエンティティー間の関係から問題なく抽出できるかどうかを机上で検証します。続いて、そのデータセットに対して登録、参照、更新、削除といった各機能の操作により、インスタンスが正しく生成、参照、更新、削除されるかどうかを検証し、最後に、データセットにおいてインスタンスが矛盾や不整合なく成立していることを検証します。本検証は、「論理データ管理要件」というフォーマットを用いて実施します（**図表3-11**）。

工夫点（3）データ先行のシステム開発・維持プロセスの徹底

機能設計を実施するシステム開発者の一部がデータ先行プロセスを守らず、機能先行で新論理データモデルを無視して先に画面機能設計を固めてしまったことがありました。この画面には冗長な項目が多数

存在するといった問題があり、結果として当該画面で表示する項目の見直しを実施し、ユーザーに再確認する手戻りが発生しました。新論理データモデルを考慮せずに画面レイアウトを決めてしまったので、扱う情報の単位がデータモデルと画面レイアウトの間で異なってしまったのです。

　大規模な基幹システムの再構築プロジェクトでは絶えず新規参入者が増えるため、その方たちにも都度DX Readyとして目指す方針の説明、データモデリングの教育、システム開発・維持プロセスの教育を実施し、データ先行を徹底させることが必要となります。

3-4 データ標準化タスク

3-4-1 データ標準化タスクの概要

　本書におけるデータ標準化とは、データの品質およびアプリケーションの品質を高めることを目的に、データ項目の標準の型を定め、それを各データ項目に適用することで、データ項目設計の型決めをすることを指します。データ標準化は、以下の理由からレガシーな基幹システムをDX Readyにするために必要かつ重要な取り組みの一つとなります。

理由（1）データ設計の品質とアプリケーション設計の品質を高める

　データ標準化によってデータ項目間の定義のバラツキが抑えられ、データ設計の品質は向上し、アプリケーション設計の品質も高まります。データ項目間の定義のバラツキの例としては、次のようなものが挙げられます。

- 同じ項目名を持つにもかかわらずそれぞれのデータ型、長さ、意味のいずれかが異なる。
- 同じデータ型、長さ、意味を持つにもかかわらず似たような別名を持つ項目が存在する。
- 同名の区分コードにもかかわらず、コード値とその意味の組み合わせがそれぞれ異なる。

　データ項目間の定義のバラツキが存在すると、アプリケーション開発者がデータ項目を取り違えるなどの認識齟齬が発生しやすくなり、

アプリケーション設計および実装における不具合を増加させます。加えて、データ項目間で本来不必要な読み替えが増加し、データ項目の取り扱いにおける不整合を発生させやすくします。データ標準化が徹底されることで、データ設計の品質は高まり、それを扱うアプリケーション設計の品質の向上にもつながるのです。

理由（2）アプリケーション設計をシンプル・スリムなものとする

　データ標準化では問題のあるデータ項目の設計の見直しも実施します。問題のあるデータ項目としては、次のようなものが挙げられます。

- 他の項目に依存して意味付けが変動するデータ項目。
- 複雑なコード体系を持つデータ項目。

　前者の例は、「受注区分の値が1のときに受注番号を予約番号として扱う」といったものです。後者の例としては、「10桁の製品コードのうち1桁目から2桁目までが製品区分コードを表し、3桁目から4桁までが製品分類コードを表し、5桁目から10桁目は製品区分、製品分類ごとに連続する番号で製品番号を表す」といった複合構成を持つコード体系が挙げられます。このようなデータ項目を扱うアプリケーションの処理は、単一のデータ項目であっても常に条件分岐、文字列演算、加工、変換といった処理が必要となり、複雑になります。

　加えて、似て非なる処理を生み出しやすくなります。複雑さゆえにシステム開発者によってデータ項目の理解や扱いに差が生じ、処理の順序や仕様が異なるアプリケーションが乱造されやすくなるのです。問題のあるデータ項目の設計を見直して標準化することで、それを扱うアプリケーションの複雑さが解消され、シンプル・スリム化につながります。

理由（3）データを利活用しやすくする

　標準化されたデータ項目は、データ利活用しやすくなります。いちいち他の項目と組み合わせたり、文字列演算をしたり、加工や変換をしたりといったデータ利活用の前処理が必要なくなるからです。値の判定やチェックにおいて一貫した取り扱いが可能となるばかりでなく、データ利活用に至るまでの手間が減ります。

　データ標準化は新物理データベース設計やアプリケーションの処理設計に先立って実施します。データ標準化を実施せずに物理データベース設計やアプリケーション処理設計を実施してしまうと、レガシーな基幹システムが抱える問題を解決しないまま、複雑なデータ設計と複雑なアプリケーション処理設計を新システムで再現することにつながります。レガシーな基幹システムが抱える問題の多くは、問題のあるデータ設計に起因しています。データ標準化によってこれらの問題を解決し、DX Readyな新システムを目指します。

3-4-2　データ標準化タスクのインプット

　データ標準化タスクのインプット情報を**図表3-12**に示します。

図表3-12　データ標準化タスクのインプット情報

インプット情報	概要
現データベース定義	現システムで扱っているデータ項目を新システムでどのように標準化して扱うかを定めるため、現データベース定義（現システムのテーブル定義やファイル定義）をインプットとして使用します
新論理データ（エンティティー）定義	新システムで新たに扱う属性について漏れなく標準化の対象とするため、新論理データ（エンティティー）定義に含まれる属性の情報を取り込みます
課題管理表（出元の現データプロファイリング結果も使用）	データの問題および問題のあるデータ項目設計を解決した形でデータの標準形を定めるために活用します

3-4-3 データ標準化タスクの詳細説明

STEP1　属性抽出

　現データベース定義および新論理データモデルから、全属性およびその定義（データ型、長さ、意味など）を抽出します。属性の定義が不明な場合は、現論理データモデルをはじめ各種ドキュメントから正しい定義を抽出し、定義の内容を充実させます。属性の定義は、基本データ項目設計の際に必要になります。業務仕様有識者、システム仕様有識者の知恵を借りて定義を埋めることもあります。

STEP2　基本データ項目設計

　STEP1で抽出した属性から、データ設計の基本かつ共通となるデータ項目（以降、「基本データ項目」と呼びます）を設計します。基本データ項目は、個々のデータ項目の上位の集合となるもので「ドメイン」とも呼ばれます。ドメインという用語は使用される場面によって様々な意味を持つため、本書では以降ドメインという用語は使用せず「基本データ項目」と呼びます。

STEP3　コード定義

　コードはそれを扱う業務を特徴付ける、非常に重要なものです。コードはユーザー部門や情報システム部門をはじめ様々なステークホルダー間において業務の共通認識、共通言語として使用、伝達されます。データ項目のうち、コードもしくは区分コードに分類されるものについては、コード定義の作成は必須です。コード定義では、コードが持つ体系（番号体系や採番ルールなど）や、区分コードが取り得る値とその値ごとの意味について定義します。

　コード定義を行う際には、課題管理表と現データプロファイリング結果をインプットとして活用します。データの問題および問題のある

コード定義を把握し、それらを見直した形でコードを再定義します。再定義した内容は、ステークホルダー間の合意が必要です。

　コード定義は、基本データ項目と対応付けて扱うことを推奨します。対応付けることで、個々のデータ項目の設計において、コード定義のバラツキを抑えられるからです。

STEP4　設計データ項目設計

　データベースやアプリケーションで使用するデータ項目の設計は、他との重複や定義のバラツキがないように標準化します。標準化の対象とするデータ項目には、基本データ項目のうち1つを対応付けます。基本データ項目1件と対応付けられ、設計に使用可能としたデータ項目を、本書では「設計データ項目」と呼びます。

　設計データ項目は、新物理データベース設計やアプリケーション処理設計で使用します。基本データ項目と対応付けられた設計データ項目をデータベースやアプリケーションの設計に用いることで、以下のようなデータ項目間の重複や定義のバラツキを減らすことができます。

- 同じ項目名を持つにもかかわらずそれぞれのデータ型、長さ、意味のいずれかが異なる。
- 同じデータ型、長さ、意味を持つにもかかわらず似たような別名を持つ項目が存在する。

　どのようなデータ項目を基本データ項目と設計データ項目によって標準化するかについては、新システムで採用するアプリケーションアーキテクチャーと、プロジェクトで決めたデータ標準化を適用する範囲に依存します。典型的なWeb／AP（アプリケーション）／DB（データベース）の3層Webアプリケーションアーキテクチャー（ただ

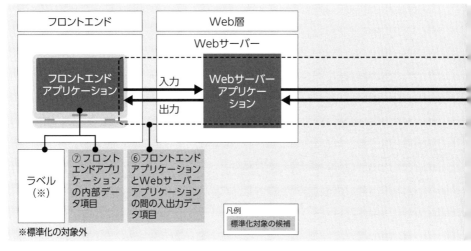

図表3-13　典型的な3層Webアプリケーションアーキテクチャーにおける標準化対象

し、データアクセス部はAP層のサーバーアプリケーションから分離されているものとする）の場合を例に挙げると、次の7種のデータ項目が標準化対象の候補となります（**図表3-13**）。

①DB層における、データベースのデータ項目（データベースがRDBの場合、テーブルのデータ項目）。

②AP層における、データアクセス部のアプリケーション（データアクセスアプリケーション）が内部で使用するデータ項目。

③AP層における、APサーバーアプリケーションとデータアクセスアプリケーションとの間の入出力データ項目。

④AP層における、APサーバーアプリケーションが内部で使用するデータ項目。

⑤Web層における、WebサーバーアプリケーションとAPサーバーアプリケーションの間の入出力データ項目。

⑥フロントエンドアプリケーションとWeb層のWebサーバーアプリケーションとの間の入出力データ項目。

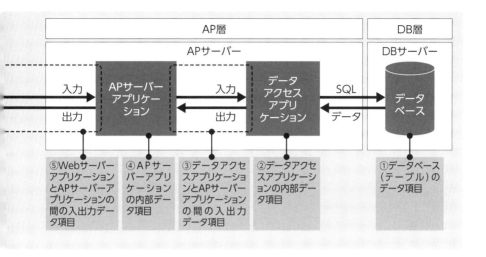

⑦フロントエンドアプリケーションが内部で使用するデータ項目。ただし、画面や帳票のラベル（ユーザーの目に入る表示項目）は対象外。

　①データベースのデータ項目の標準化は必須ですが、それ以外のデータ項目の標準化はプロジェクトで合意の上で決定します。より広い範囲のデータ項目を標準化することで、各種アプリケーションのデータ項目間における本来不要な読み替えや変換を抑えることができ、アプリケーションのシンプル・スリム化につながります。エンタープライズ系のアプリケーションでは、各層で扱うデータ項目の大半がデータベースや他のアプリケーションのデータ項目からの単純な転送となるため、標準化の適用はしやすい傾向にあります。なるべく広い範囲でデータ項目を標準化することを推奨します。

　なお、DB層で採用する命名規約と、Web層／AP層で採用するプログラミング言語の命名規約が異なる場合は、DB層で採用する項目英名を基本とし、各層で採用する命名規約に沿ってDB層の項目英名

図表3-14　リポジトリー化の方法

管理方法	メリット	デメリット
ファイルディレクトリー	設計書の管理の延長で手軽に開始できる	アウトプット間の整合性の確保が困難、変更時の修正漏れが発生しやすい
データベース	アウトプット間の整合性確保が容易で、変更時の修正漏れが減る	データベースの設計・構築・運用コストがかかり、参照ツールが別途必要になる
市販のリポジトリーツール	アウトプット間の整合性確保が容易で、変更時の修正漏れが減る。データベース化に比べて導入が容易で、型決めされたやり方で開始できる	カスタマイズが困難で、ライセンス費用がかかる

を変換します。例えば、DB層でスネークケース※1を採用している場合、「店舗コード」の項目英名は「store_code」が基本系となります。Web層／AP層でキャメルケース※2を採用している場合、項目英名は「storeCode」になります。

※1 すべて小文字で、アンダースコアで単語をつなげる命名規約。
※2 先頭の単語は小文字で、後の単語は最初の1文字だけ大文字でつなげる命名規約。

STEP5　リポジトリー化

　データベース設計者やアプリケーション設計者が標準化されたデータ項目を随時参照してデータベース設計やアプリケーション設計を進められるよう、データ標準化のアウトプットをリポジトリー化します。リポジトリー化の方法には、**図表3-14**のような方法があります。それぞれメリット、デメリットがあるため、データ標準化の取り組みの成熟度に合わせて決めます。

3-4-4　データ標準化タスクのアウトプット

　データ標準化タスクでは**図表3-15**を作成します。これらのアウトプットはリポジトリーに格納し、データベース設計者やアプリケーション開発者が後に参照できるようにします。

図表3-15　データ標準化タスクのアウトプット

アウトプット	概要
属性一覧	抽出した属性を一覧化したものです。属性の抽出元 (データベース名や論理データモデル名など)、データ名 (テーブル名やファイル名など)、属性名、データ型、長さ (小数部のあるものについては全体の長さと小数部の長さ、以下同様)、説明などを持ちます
基本データ項目一覧	抽出した属性から作成した基本データ項目を一覧化したものです。和名、英名、データ型、長さ、値の取り得る範囲、説明、推奨非推奨区分、読み替え項目 (非推奨の場合) などの情報を持ちます
コード一覧	コードおよび区分コードを一覧化したものです。コード和名 (基本データ項目もしくは設計データ項目の和名)、コード英名 (基本データ項目もしくは設計データ項目の英名) の他、区分コードの場合はコード値、値の意味などの情報を持ちます。問題のあるコード定義は見直されている必要があります
設計データ項目一覧	設計データ項目を一覧化したものです。設計データ項目和名、設計データ項目英名、DBデータ型、DBの長さなどの情報を持ちます。データ型と長さは、基本データ項目のデータ型、長さを参照します。DBという修飾子が付いた項目は、採用するデータベースマネジメントシステムに依存する項目で、物理データベース設計時に定めます

図表3-16　データ標準化のアウトプットの検証観点ポイント

検証ポイント	観点
同一名称で異なる定義を持つものが存在しないこと	• 基本データ項目一覧、コード一覧、設計データ項目一覧のそれぞれの中に、同一名称で異なる定義を持つものが存在しないこと
それぞれ異なる名称を持つが同一の定義を持つものが存在しないこと	• 基本データ項目一覧、コード一覧、設計データ項目一覧のそれぞれの中に、異なる名称を持つが定義が同一のものが存在しないこと • 区分コードについては、異なる名称を持つがコード値と値の意味のバリエーションが全く同じものが存在しないこと
ある設計データ項目は必ず1件の基本データ項目とひも付けられていること	• 基本データ項目とひも付かない状態の設計データ項目が存在しないこと
ある設計データ項目とひも付く基本データ項目との間でデータ型と長さに矛盾がないこと	• 設計データ項目のデータ型と長さは、ひも付けられた基本データ項目と一致していること
あるコードは必ず1件の基本データ項目 (もしくは1件以上の設計データ項目) と対応付いていること	• 基本データ項目 (もしくは設計データ項目) にひも付かない状態のコード設計が存在しないこと

　属性一覧以外のアウトプットにおいて、重複やアウトプット間の矛盾がないかどうか、**図表3-16**のポイントで検証します。なお、ファイルディレクトリー以外の方法でリポジトリー化している場合は、データベースやリポジトリーツールの制約によってアウトプット間の矛盾は発生しないようになっている場合があります。

3-4-5 データ標準化タスクの留意点

データ標準化タスクを実施する際、次に示す留意点があります。

留意点（1）ユーザーとの共通認識となっている用語は 原則変更しない

データ標準化は、新論理データモデルの属性の名称には適用せず、以降で実施する新物理データモデルやアプリケーション機能詳細化で扱うデータ項目に対して適用します。ステークホルダー間で合意され共通認識となっている新論理データモデルの属性の名称を変更してしまうと、ステークホルダーは標準化されたデータ項目の名称に対する認知がないため、それを使用したコミュニケーションは阻害されてしまいます。

データ標準化は、これまでユーザーとの共通認識の下で語られていた用語を、データベース設計やアプリケーション機能詳細化において英名を付けるなどして取り扱いやすくするために行う、設計行為の一つです。システムを利用するユーザーの目に直接触れることのない、新物理データベースのデータ項目やアプリケーション処理内で扱うデータ項目に対して適用することが原則です。

ただし、ユーザーと共通認識を持つ現状の用語が誤解を招きやすい、文脈によって意味が異なるなどの理由で扱いづらいといった場合は、ユーザー合意の下、データ標準化で定めた用語を新たに採用し直す場合もあります。この場合は、新論理データモデルの属性名を、新たに共通認識を持った用語に変更します。

留意点（2）データ標準化の適用が及ばないデータ項目がある

データ標準化の適用範囲は、システム再構築の対象範囲における

図表3-17　外部システムからの入力データの扱い

入力データの扱い	概要
受け止め	外部システムからの入力データを、一旦あるがまま受け止めるためのデータ項目を用意します。このデータ項目にはデータ標準化は適用できないため、外部インターフェースの受け止め専用の入力データ項目として用意します
変換	受け止めた外部システムからのデータをあるがまま扱うと、データ設計やデータ品質に問題がある場合にその問題の影響を受けてシステム内の処理が複雑となります。システム内で取り扱いやすいよう、受け止めたデータを変換し、標準化されたデータ項目で受け入れられる形にします
受け入れ（格納）	変換して扱いやすくなったデータを、新システムで標準化されたデータ項目として受け入れて格納します。変換した上で格納することで、外部システムからの影響を抑えたデータの取り扱いが可能となり、システム内のアプリケーション処理の複雑化を回避できます

データ項目の一部に限定されます。例えば、システム再構築しない外部システムとの間で連携する外部インターフェースのデータ項目には、データ標準化の適用が及びません。外部インターフェースとなるデータ項目は受け取り側の都合で変更できないケースが多く、受け手となる自システムの都合だけで外部インターフェースのデータ項目を標準化することは困難だからです。

　外部システムからの入力データは、「受け止め」「変換」「受け入れ（格納）」の3段階を経て扱います（**図表3-17**）。

　一方、外部システムへの出力データの扱いについては、新システムで標準化されたデータを外部システムに渡す出力データ項目の定義に合わせて「加工」「編集」して渡します。外部システムへの出力データを、外部システムに渡す以外の目的で新システム内では使用しないようにします。外部システムの都合を新システム内部に持ち込まず、影響を受ける範囲を限定することが狙いです。

留意点（3）過渡期における現システムのデータ項目の扱い

　システム再構築が段階的に実施される場合、その過渡期においては現システムと新システムが併存します。現・新システムが併存する期

間においては、現システムのデータを新システムでも取り扱う必要が生じます。現システムのデータ項目に新システム向けのデータ標準化の適用は極めて困難です。現システムに手を入れることは困難であるばかりではなく、手を入れると現システムへの影響が拡大し、期間と範囲を限定した段階的システム再構築のメリットが失われてしまうからです。

　このようなデータ項目には何も手を加えず段階的に見直しされるのを待てればよいのですが、実態としては新システムでもそのデータ項目を扱わなければならない状況が多々発生します。現データプロファイリングの結果で問題ありとなった現システムのデータ項目を新システムでそのまま使用してしまうと、新システムのつくりが複雑になるという問題が発生します。

　現システムのデータ項目を扱わなければならない場合は、現システムのデータ項目に対応する専用の基本データ項目を「非推奨」のものとして作成します。非推奨とすることで、現システムからの基本データ項目と新システム向けの基本データ項目を区別します。

　非推奨の基本データ項目は、段階的なシステム開発の過渡期に限って現・新システム間のデータ連携インターフェース部分にのみ使用可とするなど、その使用を時期と対象の両面で限定します。新システムで現システムのデータを受け入れて扱う際には、現システムのデータ項目を見直した新システムの基本データ項目とそれを適用した設計データ項目を用意します。現システムからインターフェースとして渡された後に読み替えをして、新システムの標準化されたデータ項目として扱うことで、新システムに現システムのデータ項目の影響が及ばないようにします。

3-4-6　データ標準化タスクの工夫点

　実案件で起きた問題などを基に、その際の検討事項や解決策などを工夫点としてまとめます。

工夫点（1）データ標準化の方針を定める

　データ標準化を具体的にどこまでどう進めていけばよいか悩んだり判断がぶれたりしないよう、シンプル・スリム化を目指したデータ標準化の方針を定めるといいでしょう。データプロファイリングの7つの観点で問題のあったデータについては、原則、データ標準化を適用して定義の見直しをする方針とし、実データの見直しは移行の際に実施します。具体的な定義の見直し方針の例を**図表3-18**にまとめましたので参考にしてください。

工夫点（2）単語集の作成

　「額」と「金額」や、「名」と「名称」といったデータ項目の表現の揺れを極力排除するため、STEP1で抽出した属性を単語に分割し、データ標準化で使用可とする単語と使用不可とする単語をまとめた、単語

図表3-18　定義の見直し方針の例

定義の見直し方針	説明
空白（ブランク）定義／Null定義の撲滅	値が空白（ブランク）の場合やNullの状態の場合に固有の意味を持つ区分コードについては、数値もしくはアルファベットの文字列の値を持たせて、その値と意味を対応させるよう、定義を見直します。現システムでNullが禁止されていれば、空白（ブランク）定義を見直しの対象とします
複合構成の解消	1つの項目の中に桁目の違いなどから複数の意味合いを持つ複合構成のデータ項目は意味の違いで分割します。ユーザーが認知している元の体系を維持する必要がある場合は元の複合構成のデータ項目を残し、中に含まれている意味合いを切り出して新たなデータ項目として設け、元の複合構成のデータ項目とセットで持たせます
ダブルミーニングの解消	1つのデータ項目が複数の意味を持つダブルミーニング項目は、項目を分割して意味をそれぞれ分けます。例えば、区分コードの中に、区分をする「対象外」という他のコード値と意味合いの異なる情報を持つ区分コードについては、「対象」か「対象外」を判断する新たな区分コードと、「対象外」を除いた元の区分コードに分割します

集を作成しておくとよいでしょう。使用不可とする単語については、その読み替え先の単語も単語集に登録しておきます。基本データ項目や設計データ項目の設計は、この単語集に登録され、かつ使用可とした単語のみを組み合わせて行うようにします。

工夫点（3）データ標準化のガイド化

　データ標準化の進め方を「データ標準化ガイドブック」などの資料にまとめ、データ標準化を担当するデータマネジメントチームの活動のベースにするといいでしょう。

3-5 新物理データモデリングタスク

3-5-1 新物理データモデリングタスクの概要

　本書における新物理データモデリングとは、新システムのデータベースに実装することを前提に、新業務・システムで管理する情報の物理構造を形式的に記述することを指します。新システムで採用するデータベースにRDB（リレーショナルデータベース）を用いる場合、テーブルとして物理実装することを前提にテーブル間の関係を新物理データモデルとして記述することを指します。

　新物理データモデルは、新論理データモデルを極力変形しないで作成することが基本となります。ただし、データベースの物理実装は採用するアプリケーションフレームワーク、採用するデータベース製品・ソリューション、性能や可用性など非機能要件に依存するため、これらの影響を新物理データモデルも受けることになります。

　まず、新論理データモデルに基づいて新物理データモデルを策定し、その上で、前述の影響を加味して物理データモデルを変更します。以下の順番になります。

（1）新論理データモデルに登場するエンティティーおよび属性の物理実装方法を検討する

　新論理データモデルに登場するエンティティーおよび属性は原則として物理実装します。ただし、一部のエンティティーや属性については実装方法の判断が必要となります。また、データ標準化の成果物を用いて、データベースのデータ項目を設計します。

（2）アプリケーションとの役割分担や制御の関係で
　　物理実装が必要なものを追加する

　具体的には、連続する番号をシステム内で制御するための採番テーブルや、画面入力された情報を中断時に一時的に保持するワーク用テーブルなどが対象となります。

（3）採用するアプリケーションフレームワークや、採用するデータ
　　ベースの要求事項や制約事項を加味する（必要な場合のみ）

　アプリケーションフレームワークによる開発効率化の恩恵を得る目的や、採用するデータベース製品・ソリューションでは、前述の（1）で定めたデータ項目設計のまま物理実装できない制約があるなどの理由で新物理データモデルを変形することがあります。RDBとグラフDBを組み合わせて使用する場合のように、複数種類のデータベースを実装する場合は、採用するデータベース製品・ソリューションごとに物理データモデルを分けて作成することもあります。

（4）非機能要件を考慮したエンティティーの分割・統合を
　　検討する（どうしても必要な場合のみ）

　よほどシビアな性能要件や可用性要件などを満たす必要がある場合を除いて、基本的には新論理データモデルのエンティティーの分割・統合を実施する必要はありません。

　以降は、（1）「新論理データモデルに登場するエンティティーおよび属性の物理実装方法を検討する」に絞って説明します。

▍3-5-2　新物理データモデリングタスクのインプット

　新物理データモデリングタスクのインプット情報を**図表3-19**に示します。

図表3-19　新物理データモデリングタスクのインプット情報

インプット情報	概要
新論理データモデル	新論理データモデルに登場するエンティティーとその属性は、新システムのデータベースの実装対象となります
データ標準化の成果物（基本データ項目、コード定義、設計データ項目）	データベースのデータ項目の型決めに使用します。データ標準化の成果物を使用することで、データ項目の名称、データ型、長さがバラバラにならないようにします。RDBでは、基本データ項目とひも付けられた設計データ項目を用いて、テーブルの各項目のデータ設計を実施します

3-5-3　新物理データモデリングタスクの詳細説明

以下、RDBに実装する場合を説明します※。

※ 本来は新論理データモデルに登場するエンティティー群をどのデータベースで実装するかを検討しますが、DX Readyにする観点からは外れるため説明は割愛します。

STEP1　エンティティーの実装を検討する

新論理データモデルに登場するエンティティーを実装する際、以下の観点で検討します。検討した結果を踏まえて、新論理データモデルをベースにして新物理データモデルを新たに作成します。

観点(1)識別子以外の属性が存在しないエンティティーを実装するかしないか

識別子のみ、もしくは、識別子の組み合わせのみで、識別子以外の属性が存在しないエンティティーの場合、実装するかしないかを判断します。識別子の組み合わせそのものが一覧として業務的な判断の基準となっているような場合には、属性が存在しなくても実装が必要となります。

一方で、識別子の組み合わせを業務上の管理の対象としないようなものは、実装が不要となります。1つの識別子のみで属性のないエンティティーについては、エンティティーとして認知すべき対象かどうか、本来何かしらの属性を伴うものではないかを、新論理データモデルに立ち返って見直した後に、実装するかしないかを判断します。

観点 (2) サブセットに分割されたエンティティーをどう実装するか

　サブセットに分割されたエンティティーを分割前のエンティティーで実装するか、分割後のサブセットで実装するか、あるいは両方を実装するかを決めます。基本的には、サブセット間で保持する属性に差があったり他のエンティティーとの関係の持ち方に差があったりする場合は、サブセットを実装する方向で検討します。

　分割しないで一覧として参照する必要があり、分割後のサブセット固有の業務がないような場合は、分割前の親エンティティーのみの実装を検討します。両方実装となる場合もあります。一律的には判断できないため、上記を基本として個々の業務と照らし合わせながら判断します。

観点(3)元のエンティティーに戻して実装するか戻さずそれぞれ実装するか

　派生元と識別子を同じくする派生先のエンティティーの属性を、派生元のエンティティーに戻して実装するか、派生元と派生先をそれぞれ実装するか、いずれにするかを決めます。多重度が1対1の場合で派生先のデータ項目に更新が起こらない場合や、多重度が1対0または1の場合で、値の有無によって業務の差が生じない場合（任意入力項目の場合など）は、派生元に戻してもよいです。

　一方で、1対1の場合でも派生先のデータ項目に更新が発生する場合や、多重度が1対0または1の場合で、派生先のデータ項目の値の充足タイミングが派生元と異なる場合などは、派生元には戻さずそれぞれ実装する方がよいです。これも一律的には判断できないため、上記を基本として個々の業務と照らし合わせながら判断します。

STEP2　データ標準化を適用する

　新物理データモデルに登場するすべてのデータ項目に対して、データを標準化します。新物理データモデルの各データ項目は、基本デー

タ項目とひも付けられた設計データ項目を用いて設計します。新論理データモデルの属性に対応する設計データ項目が存在しない場合は、新たな基本データ項目や設計データ項目を追加申請します。

3-5-4 新物理データモデリングタスクのアウトプット

新物理データモデリングタスクのアウトプットは「新物理データモデル」です。「新物理データモデル」には、「新データベース（テーブル）定義」を含みます。データモデリングツールで新物理データベースの定義情報（データ項目の定義情報を含みます）を記述し、エクスポートするとよいでしょう。新データベース（テーブル）定義は、新データベース（テーブル）設計書の一部となります※。

※ 新データベース（テーブル）設計書に含まれる、インデックス設計や、ディスク領域の割り当てについては本書では扱いませんが、別途実施してください。

このアウトプットは、新システムで管理するデータの物理実装が表現されていることに加え、**図表3-20**に示すポイントで検証します。

図表3-20の「新論理データモデルの属性が漏れなく新物理データモデルに表現されている」を補完・検証するドキュメントとして、新論理データと新データベース定義のマッピング表（新エンティティー×

図表3-20　新物理データモデリングタスクのアウトプットの検証ポイント

検証ポイント	概要
新論理データモデルの属性が漏れなく新物理データモデルに表現されている	新物理データモデルに対応付けられない属性が新論理データモデルに残っていないこと
すべてのデータ項目が標準化されている	基本データ項目とひも付けられた設計データ項目を用いてすべてのデータ項目が定義されている
現データベース定義との間の差異が明らかになっている	現データベース定義と新物理データモデル間の差異が、データ項目レベルで網羅的に把握できている
新データベース（テーブル）定義を作成できる	新物理データモデルの定義情報を使って、新データベース（テーブル）定義が作成できる

図表3-21　新エンティティー×新テーブル対応表の例

新論理データ		新データベース定義	
エンティティー名	属性名	テーブル名	項目名
請求	請求番号	請求テーブル	請求番号
請求	請求日	請求テーブル	請求日
見積もり	見積番号	見積もりテーブル	見積番号
見積もり	見積日	見積もりテーブル	見積日

図表3-22　現・新テーブル対応表の例

現データベース定義		新データベース定義		補足説明
テーブル名	項目名	テーブル名	項目名	
請求	データ区分	─	─	─
請求	請求番号	請求	請求番号	請求.データ区分＝1の場合
請求	請求番号	見積もり	見積番号	請求.データ区分＝2の場合
請求	請求日	請求	請求日	請求.データ区分＝1の場合
請求	請求日	見積もり	見積日	請求.データ区分＝2の場合

新テーブル対応表)の作成を推奨しています(**図表3-21**)。属性やデータ項目の抜け漏れの検証は人の目だけに頼らず実施してもらいたいからです。マッピング表を作成することで、物理データベースに実装可能かどうかの検証がしやすくなります。新論理データモデルから新物理データモデルに無理なくマッピングされていれば、おのずと物理データベースに実装可能かどうかの判断が容易となります。

　図表3-20の「現データベース定義との間の差異が明らかになっている」を補完・検証するドキュメントとして、現データベース定義と新データベース定義のマッピング表(現・新テーブル対応表)の作成を推奨しています(**図表3-22**)。物理レベルのマッピング表を作成することで、データ移行の対象とするか否か、移行対象とする場合はデータベース間で移行可能かどうかの検証がしやすくなります。現データベース定義から新物理データモデルへのマッピングが明らかになれば、現システムから新システムにデータ移行可能かどうかの判断が容易となります。

3-5-5 新物理データモデリングタスクの留意点

新物理データモデリングタスクを実施する際、次に示す留意点があります。

留意点（1）機能都合で新論理データモデルを分割・統合しない

前述の通り、新物理データモデルは新論理データモデルを極力変形しないで作成することが基本です。機能都合で新論理データモデルのエンティティーを分割・統合し、新物理データモデルを作成しないようにします。

留意点（2）分割は新論理データモデルに立ち返って検討する

新論理データモデルの段階で意味合いの異なる情報は既にエンティティー単位に分割されているため、この段階で1つのエンティティーを複数のテーブルに分割することはまずありません。分割が必要となった場合は、新論理データモデルに立ち返って分割が必要かどうかを検討し直します。

留意点（3）分割されているエンティティーを統合しない

新論理データモデルの段階で分割したものを新物理データモデルで統合することは、粒度や関心の対象が異なる情報を混ぜてしまうことになり、それを取り出すアプリケーションの処理は複雑になります。一度に全部取ることに限っては、SQLがJOINなしのSELECT文1回になるという点で容易になるといえますが、部分的にデータを更新したい、部分的にデータを見たいとなった場合には一筋縄ではいかず、柔軟性に欠けるデータ構造となります。

統合されたデータ内や他のデータ間の整合を保つための処理が増えてアプリケーションは複雑化し、データ利活用しづらいものになりま

す。それを差し置いてでも実現しなければならないシビアな非機能要件がない限り、論理データモデルの段階で分離されているものを統合する必要はありません。

3-5-6 新物理データモデリングタスクの工夫点

実案件で起きた問題などを基に、その際の検討事項や解決策などを工夫点としてまとめます。

工夫点（1）新論理データモデルに基づく 新物理データモデルの設計方針を定める

新物理データモデルの設計者が悩まないよう、新論理データモデルに登場するエンティティーの種類とそれらの間の関係の典型から、新物理データモデルを設計する際の設計方針を定めます。例えば、1対1の関係となる派生元エンティティーと派生先エンティティーについて、派生先エンティティーの属性を、派生元エンティティーに戻して実装するか、それともそれぞれテーブルとして実装するか、基準はどちらといったものです。機能の複雑化を防止するため、各種判断基準をガイドラインに盛り込むといいでしょう。これらの設計方針を「論理モデルから物理DB設計ガイドブック」としてまとめることで、物理データモデリングの際に活用できます。

工夫点（2）新データベース（テーブル）定義は 別ファイルやリポジトリーで管理

データモデリングツールの制約により、基本データ項目の設定やエクスポートに難がある場合、新データベース（テーブル）定義は現システムで採用していたもの（例えばExcelフォーマットなど）を使用して別ファイルで管理しても構いません。データ標準化で作成したリポジトリーに統合しておくと、他のデータ関連成果物との整合性が保ちやすいです。

3-6 新物理データモデルに基づく機能詳細化タスク

3-6-1 機能詳細化タスクの概要

　本書における機能詳細化は、アプリケーションの内部処理の詳細を設計することを指します。新物理データモデルとデータ標準化の成果物（基本データ項目、コード定義、設計データ項目）を用いて、各アプリケーションが内部処理で使用するデータ項目を標準化しながら詳細設計を進めます。典型的な機能詳細設計の対象には、「画面処理」「帳票処理」「オンライン処理」「バッチ処理」「データアクセス処理」があります。以下では、機能詳細設計の具体的な進め方について、データ標準化の成果物と新物理データモデルをインプットとしてどのように扱うかについての詳細を述べます。機能詳細設計※については、従来通り実施してください。

※　画面処理詳細設計、帳票処理詳細設計、オンライン処理詳細設計、バッチ処理詳細設計、データアクセス処理詳細設計があります。

3-6-2 機能詳細化タスクのインプット

　機能詳細化タスクのインプット情報を**図表3-23**に示します。

図表3-23　機能詳細化タスクのインプット情報

インプット情報	概要
データ標準化の成果物（基本データ項目、コード定義、設計データ項目）	機能詳細化において、各アプリケーションが使用するデータ項目は、データ標準化の対象とした範囲のものについてはすべて基本データ項目がひも付けられた設計データ項目を使用します。処理の記述では、コード定義で許容された値のみを使用します
新物理データモデル（新データベース（テーブル）定義を含む）	各アプリケーションにおいて新物理データモデルの構造に矛盾しない処理とするために使用します
機能設計の成果物	機能詳細設計そのもののインプットで、詳細化を行う対象となるものです

3-6-3 機能詳細化タスクの詳細説明

　説明を簡単にするため、標準的なアプリケーションを想定して説明します※。標準的なアプリケーションは、「要求入力」（アプリケーション処理の前提となる要求元からの入力を受ける部分）、「処理プロセス」（アプリケーション内でデータの加工、集計、編集処理をする部分）、「応答出力」（要求元に処理結果を出力として返す部分。これが問題なく動き終わるとアプリケーション処理は正常終了する）からなります（**図表3-24**）。

※ 実際は、画面・帳票・オンラインなどのアプリケーションの種類、アプリケーション内の階層構造、アプリケーション間の連携の有無などによって異なります。

　以下では新物理データモデルに基づく機能詳細設計と、データ標準化の適用に関する部分にフォーカスして説明します。なお、「要求入力」で扱うデータ項目と「応答出力」で扱うデータ項目は、それぞれ分離して詳細設計するものとします。要求入力と応答出力の両方に同じデータ項目があったとしても、要求入力と応答出力それぞれで扱うデータ項目として設計します。

「要求入力」（入力データ項目の標準化）

　要求入力は、要求元からの入力データを受け付ける部分です。要求入力の詳細設計では、アプリケーションの動作に必要となる入力データの

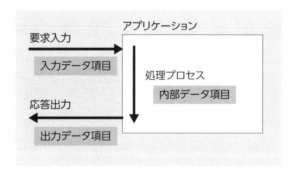

図表3-24　アプリケーションの構造の例

レイアウトを設計します。初めに、新物理データモデルと照らし合わせて入力データのレイアウトに過不足や不整合がないかを確認します。例えば、明細データの取得を要求する入力データであるにもかかわらず、ヘッダー部のキー項目を指定していない、といったことがないかを確認します。続いて、入力データのレイアウトに含まれるすべてのデータ項目に、基本データ項目がひも付けられた設計データ項目を適用します。

「処理プロセス」（データ項目の標準化）

　処理プロセスは、要求入力からの入力データを受けて、データの加工、集計、編集処理を実施し、要求元に処理結果を返す準備をする部分です。処理プロセスの詳細設計では、アプリケーション内で行われるデータの加工、集計、編集処理プロセスの詳細について記述します。初めに、データの加工、集計、編集処理において新物理データモデルの構造と不整合となるものがないことを確認します。キーが異なるデータを同一レベルで扱うことで冗長なデータ項目や演算不能となるデータ項目が存在していないか、といったことを確認します。続いて、処理プロセスで使用するすべてのデータ項目には、基本データ項目がひも付けられた設計データ項目を使用します。

「応答出力」

　応答出力は、要求元に処理結果を出力データで返す部分です。応答出力の詳細設計では、要求元に返す出力データのレイアウトを設計します。初めに、新物理データモデルと照らし合わせて出力データのレイアウトに過不足や不整合がないかを確認します。例えば、処理プロセスでは複数件のデータが該当しているにもかかわらず、出力レイアウトは1件しか応答できないレイアウトになっている、といったことがないかを確認します。続いて、出力データのレイアウトに含まれるすべてのデータ項目には、入力データと同様に基本データ項目がひも付けられた設計データ項目を使用します。

3-6-4 機能詳細化タスクのアウトプット

　機能詳細化タスクのアウトプットは機能詳細設計書で、通常のアプリケーション開発と変わりません。機能詳細設計書に含まれる典型的な例としては、「画面処理詳細設計」「帳票処理詳細設計」「オンライン処理詳細設計」「バッチ処理詳細設計」「データアクセス処理詳細設計」が挙げられます。ただし、**図表3-25**に示す設計項目は、DX Readyな影響を受けているものです。

図表3-25　機能詳細化タスクのアウトプット（影響を受けるもの）

アウトプット	影響を受けている設計項目
画面処理詳細設計	画面イベント（遷移を含む）ごとの要求入力データ項目一覧、処理プロセス詳細で扱うデータ項目、応答出力データ項目一覧
帳票処理詳細設計	帳票出力の要求入力データ項目一覧、処理プロセス詳細で扱うデータ項目、応答出力データ項目一覧
オンライン処理詳細設計	オンライン処理の要求入力データ項目一覧、処理プロセス詳細で扱うデータ項目、応答出力データ項目一覧
バッチ処理詳細設計	バッチ処理の要求入力データ項目一覧、処理プロセス詳細で扱うデータ項目、応答出力データ項目一覧
データアクセス処理詳細設計	データアクセス処理の要求入力データ項目一覧、処理プロセス詳細で扱うデータ項目、応答出力データ項目一覧、データベースへの要求入力データ項目一覧、データベースからの応答出力データ項目一覧

3-6-5 機能詳細化タスクの留意点

　機能詳細化タスクを実施する際、次に示す留意点があります。

留意点（1）制御用データ項目もデータ標準化が必要

　アプリケーションの内部処理で扱うデータ項目には、制御用データ項目も含まれます。制御用データ項目は要求元とのやりとりにおいてシステム的な制御に用いるデータ項目のことで、業務に依存しないデータ項目です。具体的には、マシンID、IPアドレス、要求元アプリケーションID、要求発行時刻、応答発行時刻などが制御用データ

項目に該当します。アプリケーション種類ごとに使用する制御用データ項目は原則共通化し、システム共通で扱うデータ項目として標準化をしておく必要があります。

留意点（2）処理プロセス内で新たに生成するデータ項目の扱い

　加工、集計、編集処理の関係で、処理プロセスにおいて新たに使用したいデータ項目が生まれる場合があります。当該データ項目に対応する基本データ項目、設計データ項目が存在しない場合は、3-9で説明する「変更管理タスク」の手続きに従って変更申請をした上で、データ標準化を適用します。

3-6-6　機能詳細化タスクの工夫点

　実案件で起きた問題などを基に、その際の検討事項や解決策などを工夫点としてまとめます。

工夫点（1）インスタンスを用いた機能詳細とデータとの間の机上検証

　各アプリケーションにおいてデータベースのデータが正しく生成、参照、更新、削除され、かつデータ間で矛盾や不整合が発生しないかどうかを検証する必要があります。ただし、機能詳細設計の時点では新物理データベースの構築およびデータ移行は完了していないため、インスタンスの例を用いた机上での検証を実施するといいでしょう。

　初めに、直接か間接かを問わず、アプリケーション処理が必要とするデータセットを新物理データモデルから問題なく抽出できるかどうかを検証します。続いて、そのデータセットに対して登録、参照、更新、削除といった各アプリケーションの処理により、インスタンスが正しく生成、参照、更新、削除されるかどうかを検証します。最後に、

テーブル名	受注明細
概要説明	顧客から受注した商品の明細を管理するテーブル
連携先テーブル	親:受注 子:なし

データセット例

(1)受注登録
受注明細を複数件登録

受注番号	受注明細番号	商品コード	数量	単価	金額(D)	
J0000001	1	S00002	5	98,000	490,000	
J0000002	1	S00001	2	155,000	310,000	Insert
J0000002	2	S00002	5	98,000	490,000	Insert

(2)受注取消
受注明細を複数件取消(マイナスの受注明細を登録)

受注番号	受注明細番号	商品コード	数量	単価	金額(D)	
J0000001	1	S00002	5	98,000	490,000	
J0000002	1	S00001	2	155,000	310,000	対応
J0000002	2	S00002	5	98,000	490,000	対応
J0000003	1	S00001	-2	155,000	-310,000	Insert
J0000003	2	S00002	-5	98,000	-490,000	Insert

図表3-26　テーブル説明書の例

データセットにおいてインスタンスが矛盾や不整合なく成立していることを検証します。

　本検証は、「テーブル説明書」というフォーマットを用いています。「論理データ管理要件」は新論理データモデルに基づいて論理レベルで作成していることに対し、「テーブル説明書」は新物理データモデルに基づいて物理レベルで作成しています(**図表3-26**)。

工夫点（2）機能先行をさせない、機能に引きずられて データをゆがめない

　機能詳細設計を行うアプリケーション設計者の一部が物理データモデルとの照らし合わせを行わずに画面詳細設計を進め、後に機能と

データが合わないとしてデータベースの変更を求めてきたことがありました。変更管理の申請で判明し、変更自体にはガードがかかりましたが、画面詳細設計は手戻りとなりました。機能詳細設計の段階ではさらに新規参入者が増えるため、その方たちに向けた方針の説明、各種教育を実施し、データ先行を徹底させることが必要となります。

工夫点（3）SQL 規約の見直し

データアクセス処理の詳細において、SQLが規約違反しているという指摘がありました。SQL規約にJOINの上限数が指定されていて、それを超過していたのです。確認したところ、性能保証を目的に過去に設定された規約のようでした。適切なインデックス設計がなされて実行計画に問題がなければJOINが多段になっても性能問題を起こすことは今時のマシンスペックではまず起こり得ないことを説明し、今となっては古い規約であるとして見直すよう促しました。DX Readyに向けて、過去につくられた規約が足かせになることもあるため、適宜見直しが必要です。

3-7 データ移行タスク

3-7-1 データ移行タスクの概要

　データ移行とは、狭義にはある格納場所に蓄積されたデータを別の格納場所に移すことを指します。システム再構築においては、現行システムに蓄積されたデータや、現行業務で扱っているファイルや帳票などのデータのうち必要なものを新システムのデータベースに移すことを指します。現・新システム間の格納形式の変更もデータ移行に含まれます。格納形式の変更は、現・新システム間で採用するデータベースが異なる、データ型が異なる、文字コードが異なる、など現・新で格納形式が異なる場合に実施します。

　本書では、データ移行をDX Readyに向かうものとするため、以下のSTEPを含む広義のものとして扱います。

STEP1　データ移行の方針決め
STEP2　データ移行仕様の作成
STEP3　データ移行設計
STEP4　データ移行に使用するアプリケーションの開発
STEP5　データ移行時のデータプロファイリング
STEP6　新システムへのデータ移行
STEP7　データ移行後のデータプロファイリング

　DX Readyに向けたデータ移行において最も重要なことは、問題点や課題はあっても今後も必要とされるデータを新システムやデータ利活用において扱いやすいデータに変換することです。この実現

には、データ設計と実データ両面からの見直しが必須です。現から新への単純なコピーにはならないため、新・旧データベース間のデータ項目のマッピングだけではDX Readyに向けたデータ移行は実現できません。現システムのデータの実態を把握し、論理レベルで移行の方針決めや移行仕様を検討し、物理レベルでデータ移行を設計し、移行直前の最新データの状態を把握した後に、狭義のデータ移行を実施します。

なお、データの格納形式の変更には様々なケースがありますが、DX Readyに寄与する部分は上述の取り組みと比較すると小さいため、本書での説明は割愛します。非互換に留意し、現・新システムの特性を踏まえて実施します。

3-7-2　データ移行タスクのインプット

格納形式の変更を除いた広義のデータ移行タスクのインプット情報を**図表3-27**に示します。

図表3-27　データ移行タスクのインプット情報

インプット情報	概要
現論理データモデル（現論理データ（エンティティー）定義を含む）	データ移行の方針決めとデータ移行仕様の作成に使用します。これらを用いて、業務的な観点で移行方針や移行仕様を検討し、データの問題点・課題をデータ移行の中でどのように解決するかを検討します
課題管理表（出元の現データプロファイリング結果も使用）	
新論理データモデル（新論理データ（エンティティー）定義を含む）	
現データベース定義	データ移行設計とアプリケーション開発に使用します。これらを用いて、論理レベルで検討したデータ移行仕様から物理レベルのデータ移行設計に落とし込みます。データ移行設計に基づいて、データ移行アプリケーションを設計・開発します
新物理データモデル（新データベース（テーブル）定義を含む）	
移行対象とする実データ	狭義のデータ移行だけでなく、データ移行時のデータプロファイリングにも使用します

3-7-3 データ移行タスクの詳細説明

STEP1　データ移行の方針決め

　現論理データモデルと新論理データモデルを照らし合わせて、DX Readyに向けていつどのようにデータ移行するか、業務的な観点でデータ移行が可能かどうか有識者を交えて机上検証します。移行対象データの特性を踏まえ、事前に変換して移行するか、システム切替の時点で変換して移行するか、新システムの登録機能を使って手動で移行するか、などいくつかの移行パターンを検討し、そのおおよその判断基準を定めます。

　データの問題点・課題をデータ移行の中でいつどのように解決するかの方針についても記述します。この検討には、課題管理表を使用します。データの問題点・課題を踏まえ、データの修正（クレンジング）は移行前に行うか、移行中に行うか、移行後に行うか、などいくつかの解決パターンを検討し、それぞれのメリットやデメリットを明らかにした上で、データクレンジングの方針を定めます。

STEP2　データ移行仕様の作成

　データ移行方針に従って、現・新論理データモデル（現・新論理データ（エンティティー）定義を含む）を用いてデータ移行仕様を作成します。現論理データモデルと新論理データモデルを照らし合わせて、いつどのように移行するか、現・新エンティティーおよび属性間の対応関係を明らかにしながら論理レベルで仕様を定めます。

　新論理データモデリングの節で述べた、現論理データと新論理データのマッピング表（現・新エンティティー対応表）を作成している場合はこれを活用します。作成していない場合はこのタイミングで作成し、作成後にデータ移行仕様の作成に進むことを推奨します。

移行仕様を検討する単位は、ひとまとまりで業務的な意味を成すデータセットの単位とします。バラバラに移行仕様を作成すると、データ間の不整合につながるためです。現・新論理データモデルを使い、エンティティー間の多重度を考慮して、まとまって業務的な意味を成す単位のデータセットを切り出します。

　データセットが定まったら、データ移行方針に従ってデータセットごとの移行順序を明らかにします。業務に先行後続の関係があるように、データセット間にも依存関係があります。現・新論理データモデルから読み取れる依存関係を考慮し、データセット間で不整合とならないように移行順序を決めます。移行のタイミングさえ合っていればいくつかのデータセットについては順序を考慮せず並行で移行してよいという判断をすることも、順序決めに含まれます。

STEP3　データ移行設計

　データ移行仕様および現・新物理データモデル（現・新データベース定義を含む）を用いて、データ移行設計への落とし込みをします。現・新データベースのデータ項目間の転送、加工編集処理を項目単位に設計します。

　新物理データモデリングの節で述べた、現データベース定義と新データベース定義のマッピング表（現・新テーブル対応表）を作成している場合は、これを活用します。作成していない場合はこのタイミングで作成し、作成後にデータ移行設計に進むことを推奨します。

　RDB間のデータ移行の場合、現テーブルから新テーブルへのデータ移行設計をします。データベースではなくファイル形式のデータを新データベース（テーブル）への移行対象とする場合、現テーブルおよび現ファイルから新テーブルへのデータ移行設計を実施します。

STEP4　データ移行に使用するアプリケーションの開発

　データ移行に使用するアプリケーションとして、新システムでもともと使用する予定のアプリケーションを使用するか、もしくはデータ移行専用のアプリケーション（ETLツールを含む）を使用するかを決めます。後者の場合、データ移行専用アプリケーションの設計と実装を実施します。ETLツールを使用する場合は、パイプライン設定がおおむねこれに該当します。データ移行専用のアプリケーション開発やパイプライン設定などは、従来通り実施してください。

　使用するアプリケーションが決まったら、データ移行仕様で定めたデータ移行順序に従ってどの順にアプリケーションを実行するかを設計し、実装します。ETLツールを使用する場合は、ジョブフローの設定がおおむねこれに該当します。

STEP5　データ移行時のデータプロファイリング

　移行対象データの現状を正確に把握するため、データ移行前のデータに対してデータプロファイリングを実施します。企画／構想検討フェーズからの時間経過でデータの状態は通常変化しているため、新たなデータの問題や移行の際に考慮すべき事項がないかを調査します。

STEP6　新システムへのデータ移行

　新システムで必要とするデータを、適切なタイミングと適切な単位と適切な順序で移行します。移行方針で定めたタイミングと、移行仕様および移行設計で決めた移行順序に従って、アプリケーションやETLツールを使用してデータを移行します。

STEP7　データ移行後のデータプロファイリング

　移行前のデータが正しく変換されて移行後のデータとして格納されているかどうか、および移行後のデータが求められるデータ品質を満

たしているかどうかを把握するため、移行後のデータに対してデータ
プロファイリングを実施します。データの問題が計画通り解消されて
いるかどうかもこのタイミングで検証します。

3-7-4 データ移行タスクのアウトプット

データ移行タスクのアウトプットを**図表3-28**に示します。

図表3-28　データ移行タスクのアウトプット

アウトプット	概要
データ移行方針	現・新論理データモデルと課題管理表から、DX Readyを目指す方向と合致するデータ移行方針を定めたものです
データ移行仕様	データの問題点・課題の解決につながる移行仕様を現・新論理データモデルと照らし合わせて論理レベルで作成したものです
データ移行設計	データ移行仕様に基づき、現・新物理データモデルと照らし合わせて物理レベルで作成したものです
データ移行アプリケーション設計	移行専用アプリケーションを作成する場合は、アプリケーションごとに設計します。新システムのアプリケーションと兼用する場合は、もともとのアプリケーション設計を参照します
データ移行アプリケーション	移行専用アプリケーションを作成する場合は、アウトプットとなります。新システムのアプリケーションが兼ねる場合は、もともとのアプリケーション開発のアウトプットを参照します
移行前のデータプロファイリング結果	企画／構想検討フェーズで実施するデータプロファイリングの結果と同様です
新システムに格納された実データ	狭義のデータ移行の主たるアウトプットです
移行後のデータプロファイリング結果	現システムのデータが正しく変換されて新システムに格納されているかどうかをデータプロファイリングで検証した結果です。内容は他のデータプロファイリング結果と同様です

3-7-5 データ移行タスクの留意点

データ移行タスクを実施する際、次に示す留意点があります。

留意点（1）データの見直しを前提とした移行方針とする

　DX Readyを目指すなら、現データベースのデータ構造および実
データを新データベースにそのまま移行する方針を立ててはいけませ

ん。データ設計と実データの両面で見直しがある前提で、新システムでデータを扱いやすくするためのデータ移行方針を立てます。現システムにおけるデータの問題点・課題は極力新システムに持ち込まないよう、移行前もしくは移行中にデータの問題点・課題を解決する方針とします。

留意点（2）データ移行方針・移行仕様は論理レベルで検討する

データ移行方針・移行仕様のインプットは、現・新データベース設計ではなく、現・新論理データモデルと課題管理表です。データの問題点・課題を、DX Readyに向けてデータ移行を含めてシステム再構築全体でどう解決するかを定めてから、物理設計に進む順番となります。物理レベルでは、業務的な観点でデータの問題点・課題を解決するデータ移行方針・仕様の検討が困難です。

また、新データベース設計が出来上がってしまった後では、新論理データモデルに立ち返っての検討が困難となるなど、データの問題点・課題の解決に向けた対応にも制限が生じます。現テーブルから新テーブルという狭義のデータ移行ではなく、DX Readyに向けた広義のデータ移行と捉えて論理レベルで検討します。

3-7-6　データ移行タスクの工夫点

実案件で起きた問題などを基に、その際の検討事項や解決策などを工夫点としてまとめます。

工夫点（1）移行仕様の検討と移行設計をほぼ同時に進める

移行仕様と移行設計が明確に分離されていなかったこともあり、結果的に移行仕様と移行設計をほぼ同時に進めるやり方を取りました。現・新論理データモデルを活用して移行仕様を検討した内容を、移行

設計における移行元から移行先へのデータ項目の転送・加工編集処理設計に相当するドキュメントに落とし込みました。必要な手順は踏みましたが、一部アウトプットは省略されています。

工夫点（2）動的に値が変化するデータセット間の整合

　システムテストの段階で、データセット間でインスタンスが不整合となるトラブルが起きたことがあります。データセットのあるデータ項目の値によって、他のデータセットのインスタンスが変化する仕様があり、この考慮が漏れていたことで、システムテストの段階で連結してデータを参照したところ、一方のデータセットの値は更新されたにもかかわらず、他方のデータセットのインスタンスは変更されずそのまま残っているという不整合です。

　項目の値が動的に変化することによってデータセット間の関係がインスタンス単位で変わる場合については、データモデルにおける静的な多重度の関係や、ある時点でのデータのスナップショットとなるデータプロファイリング結果からは抽出しにくいものとなっていました。論理データモデルの関係に、データ項目の値によって多重度が変動する仕様があることを定義し、データセット内やデータセット間でその制約を守るように配慮することが今後の課題となりました。

工夫点（3）データ移行のガイド化

　データ移行の進め方を「データ移行への活用ガイドブック」としてまとめ、データ移行担当者の活動のベースとするといいでしょう。

3-8 テスト設計タスク

3-8-1 テスト設計タスクの概要

　テスト設計とは、システム開発のテストプロセスにおいて、何のテストをどのような目的でいつ実施するかを定めたテスト計画に基づき、各テストを具体的にどのようなやり方で実施するかを決めること（設計すること）を指します。システム開発のテストプロセスではシステム間連携テスト、ネットワーク接続テスト、性能テスト、負荷テストなど様々なテーマでテストを実施しますが、それぞれのテストに設計が必要となります。

　DX Readyに向けてテスト設計をする目的は、担当者ごとのデータの扱いのバラツキを抑えてテストすべきデータパターンの抜け漏れを防止し、アプリケーションとデータの品質を高めることです。

　以下、典型的な3種類のテスト（「ユニットテスト」「結合テスト」「システムテスト」）を想定します。テスト設計する順はこの並びの逆順になるため、以降は逆順で説明します。

　「システムテスト」では、シナリオテストにおいて業務シナリオごとのバリエーションを網羅的にテストするため、新論理データモデル、課題管理表、コード定義を用いてシナリオテストに用いるバリエーション表を作成します。

　「結合テスト」では、業務の実態に合ったデータで検証を進めるため、結合テストで使用するデータセットをシナリオテストに用いるバ

リエーション表と新物理データモデルおよび新物理データモデルに基づく機能詳細化のアウトプットを用いて、現システムの実データを用いて準備します。

「ユニットテスト」では、各ユニットがデータを正しい仕様で扱えているかどうかを早期に検証するため、ユニットテストで使用するデータパターンをデータ標準化の成果物を用いて決められたルールで作成します。

3-8-2 テスト設計タスクのインプット

テスト設計タスクにおける、データ関連成果物のインプット情報を**図表3-29**に示します（機能に関する情報は、従来通り用意してください）。

図表3-29　テスト設計タスクのインプット情報

インプット情報	概要
新論理データモデル（新論理データ（エンティティー）定義を含む）	●シナリオテストにおけるバリエーションの抽出に使用します
課題管理表（出元の現データプロファイリング結果も使用）	●シナリオテストにおけるバリエーションの抽出に使用します ●テスト用データセットの抽出条件に使用します
データ標準化の成果物（基本データ項目、コード定義、設計データ項目）	●シナリオテストにおけるバリエーションの抽出に使用します ●テスト用データセットの抽出条件に使用します
新物理データモデル	●テスト用データセットの抽出条件に使用します

3-8-3 テスト設計タスクの詳細説明

(1) システムテストの設計

システムテストは本来要件定義・設計プロセスの前半で定めた仕様と設計に対応して実施するものですが、それらを用いないテスト設計

となっていることをよく見かけます。システムテストでは、システム間連携テスト、ネットワーク接続テスト、性能テスト、負荷テストなどシステム全体に関わる様々なテストが実施されますが、本書ではシステムテストにおいて業務的な観点で実施するシナリオテストにおけるバリエーション設計に限って説明します。

　シナリオテストにおける業務シナリオごとのバリエーション設計は、有識者の業務知見とアプリケーション処理設計書に代表される機能設計書を頼って作成されているのがよくある実態です。シナリオテストの作成者は業務的にどのような業務シナリオとそのバリエーションがシステムテストに必要となるかを把握せず、有識者と機能設計書を頼って作成しているのです。

　本来、システムテストで検証すべき業務シナリオごとのバリエーションを網羅的にテストするには、業務シナリオの作成を担当者任せとせず、データの観点から検証が必要とされるバリエーションを網羅することが望まれます。ユーザーから見た業務シナリオのバリエーションを正確に表現するには、データ項目間の組み合わせとして表現されている必要があるからです。すなわち、業務シナリオごとのバリエーションはデータのバリエーションの組み合わせにより表現されている必要があります。

　具体的には、各業務シナリオで扱うエンティティー群を新論理データモデルに基づいて特定し、課題管理表とコード定義を用いてサブセットの区分や値の有無といったデータのバリエーションをエンティティー群内で掛け合わせてその業務シナリオごとにバリエーション表を導出します。

　バリエーション表は、マトリクス形式で作成します（**図表3-30**）。

図表3-30　バリエーション表の例

業務シナリオ：チャネル区分ごと会員区分ごと年代区分ごとの商品申し込み

バリエーション	チャネル区分		会員区分			年代区分			
	店頭	Web	仮会員	一般会員	特別会員	0〜19	20〜39	40〜59	60以上
バリエーション1	○		○			○			
バリエーション2	○			○			○		
バリエーション3	○				○			○	
バリエーション4		○	○						○
バリエーション5		○		○		○			
バリエーション6		○			○		○		

　列にはデータ項目ごとの値のバリエーションを持ち、左から右に列挙します。行にはデータ項目ごとの値のバリエーションの組み合わせを導出し、組み合わせパターンを上から下に並べます。例えば、AとBという2つの項目があり、Aには2種類、Bには3種類の値のバリエーションを持つ場合、値の組み合わせは6通りとなり、縦軸の行は6行となります。

　データのバリエーションを単純な掛け算とすると行数が膨大になるため、新論理データモデルからデータ項目間に依存関係があるかないかを判断し、依存関係のないデータ項目同士については互いに素として組み合わせを増やさないようにするなど、行数を減らす工夫をします。例えばCは4種類の値を持ちますが、CはAともBとも依存関係がない場合、AとBの組み合わせの6通りの行にCの4通り分を組み込んで、6行のままとします。

(2) 結合テストの設計

　ここでは、結合テストに使用するデータセットの設計について説明します。その他の結合テストの設計については従来通り実施してください。

結合テストで使用するデータセットは、結合テスト用のデータベース環境を構築するデータベース管理者がアプリケーション設計者の要求に応じて用意しているか、あるいは結合テスト担当者自身が結合テスト用データベースにインポートするか、結合テスト実行中にアプリケーションの操作によって生成して用意しているのがよくある実態です。データベース管理者は業務的にどのようなデータセットが結合テストに必要となるかを把握しておらず、結合テスト用データセットの用意はアプリケーション設計者もしくは結合テスト担当者任せになっているケースが大半でしょう。

　アプリケーションが正しい仕様でデータセットを扱っているかどうかを結合テストの段階でテストするには、結合テスト用データセットの作成をアプリケーション設計者や結合テスト担当者任せとせず、業務の実態と合ったデータセットを結合テスト用データベース環境に用意することが望まれます。加えて、結合テスト用データセットはデータのライフサイクルの検証に必要なパターンを網羅しているものであることが望まれます。

　具体的には、システムテストの設計で作成したバリエーション表と新物理データモデルの組み合わせから、バリエーションにマッチするデータを現システムの本番データから抽出し、移行用のアプリケーションなどを使用して変換し、結合テスト用のデータベース環境に格納します。新物理データモデルおよび新物理データモデルに基づく機能詳細化の節で述べたテーブル説明書を使用してデータのライフサイクルを把握し、データの生成、参照、更新、削除を検証します。

(3) ユニットテストの設計

　本書では、ユニットテストに使用するテストデータの設計について説明します。その他のユニットテストの設計については従来通り実施

してください。

　ユニットテストで使用するテストデータは、ユニットテスト担当者が自身の判断で用意しているのがよくある実態です。ユニットテスト用のスタブやドライバを作成する一環で担当者自身が準備しているケースが大半でしょう。

　各ユニットがデータを正しい仕様で扱っているかどうかをユニットテストの段階でテストするには、ユニットテスト用のテストデータの作成をユニットテストの担当者任せとせず、必要なデータパターンをあらかじめ決めて用意しておく必要があります。

　ユニットテストで検証するデータパターンを決められた手続きで作成するようルール化し、ユニットテスト担当者がそれに従ってデータパターンを作成し、それをテストデータとして使用します。

　具体的には、データ標準化の節で作成した基本データ項目、設計データ項目、コード定義に基づき、ユニットテストの対象とするデータ項目ごとに業務上取り得る値の範囲を明確にします。これを用いて条件分岐や同値分割、境界値分析のデータパターンを作成し、テストデータとして使用します。

3-8-4　テスト設計タスクのアウトプット

　テスト設計タスクのアウトプットはテスト仕様書やテストデータで、通常のアプリケーション開発と変わりません。典型的なテスト仕様書の例としては「システムテスト仕様書」「結合テスト仕様書」「ユニットテスト仕様書」、テストデータの例としては「システムテスト用のデータセット」「結合テスト用のデータセット」「ユニットテスト

図表3-31　テスト設計タスクのアウトプット（影響を受けるもの）

アウトプット	影響を受けている設計項目
システムテスト仕様書（うち、シナリオテスト用のバリエーション表）	データのバリエーションに基づいて作成することで、業務シナリオごとのバリエーションを網羅したものとなります
結合テスト用のデータセット	検証すべきバリエーションに合致する実データに基づいて用意されるため、データのライフサイクルを網羅的に確認できるものになります
ユニットテスト用のデータ	ユニットテストで検証すべきデータパターンが網羅されたものになります

用のデータ」が挙げられます。ただし、**図表3-31**に示す項目は、DX Readyな影響を受けているものです。

3-8-5　テスト設計タスクの留意点

テスト設計を実施する際、次に示す留意点があります。

留意点（1）現システムの実データの扱い

個人情報のように情報セキュリティーの観点から保護が必要なデータに関しては適宜マスキングをするなど、テスト環境で扱うことに問題がないように工夫します。

留意点（2）データ移行のスケジュールと同期を取る

実データを使用したテストを実施するため、データ移行のスケジュールと同期が取れている必要があります。データ移行に使用するアプリケーションのテストを先行させるなど、データ移行とテストのスケジュールを同期させます。

3-8-6　テスト設計タスクの工夫点

実案件で起きた問題などを基に、その際の検討事項や解決策などを工夫点としてまとめます。

工夫点（1）テストの進め方のガイド化

　データ関連のアウトプットをテストに活用する進め方を定めたプロセスは存在しなかったため、実際にどのように活用するかの検討を経て、開発者が活用できるようにガイド化しました。「システム開発フェーズへの活用ガイドブック」などにまとめ、テスト設計のインプットとするといいでしょう。

工夫点（2）業務シナリオの抽出

　バリエーション表をつくる以前に、業務シナリオを特定するところに工夫が必要でした。通常は業務フローに代表される業務要件定義書から業務シナリオを抽出しますが、業務シナリオの網羅性に不安があったため、現システムのリグレッションテストのパターンを有識者とひもときながら、新システムにおいて必要とする業務シナリオを作成しました。

工夫点（3）ユニットテスト時のデータベース使用

　ユニットテスト段階で開発テスト用データベースに接続して実施する方針となっていました。後のテスト工程で開発テスト用データベースにインポートできるよう、ユニットテストで検証するデータパターンを表形式にまとめました。

工夫点（4）結合テストにおけるデータセットの準備

　理想は本番に近いデータを使用することでしたが、データ移行のアプリケーションが完成していないなど、様々な理由から実現したのは一部の範囲に限られました。データセットを用意できなかった領域については、ユニットテストで使用したデータパターンを流用するなどして対応しました。

工夫点（5）テストデータの分離

　段階開発の関係で、用意したテストデータと、もともと開発テスト

環境に用意されていたテストデータが混ざった状態で結合テスト、システムテストをせざるを得ない状況になることが判明しました。余計なデータがあるとテスト結果の検証にも支障が出るため、分離すべきですが、開発テスト環境のリソース制約もあって今回は完全な分離ができませんでした。

　段階開発のステップごと、テストプロセスごとにデータベース環境を分離するなど、効率的にテストを実施する環境を用意することが今後の課題となりました。

3-9 変更管理タスク

3-9-1 変更管理タスクの概要

　新論理データモデルをはじめとするデータ関連の成果物間の整合性を保ち、それらに対する変更が他に影響を及ぼすリスクを抑えるため、データ関連成果物の変更管理を実施します。アプリケーションの設計書の変更管理と同様、データ関連成果物の正本の管理がなされている前提で実施します。

　システム再構築の途中段階からデータ関連成果物の変更管理を始め、新システムがカットオーバーした後も同じプロセスで継続します。

　データ関連成果物の変更はデータ管理の役割を持つ担当者が実施します。アプリケーション設計書の変更管理をする担当者や、アプリケーションの維持・保守の担当者がその役割を兼務する場合もあります。

　データ関連成果物の変更管理はDX Readyな新システムの実現と、その維持に向けて重要な取り組みとなります。変更管理がなされずにデータベースのデータ項目やアプリケーションが使用するデータ項目を変更してしまうと、他のデータ関連成果物やアプリケーションとの不整合によるトラブルを生み出します。それだけではなく、データ関連成果物間で整合しないデータ設計を生み出し、そのギャップを埋めるためにアプリケーションの処理が複雑なものとなっていきます。これが続くと、肥大化・複雑化が進みレガシーなシステムに戻ってしまいます。変更管理の徹底によって再レガシー化を防止し、スリムでデータ利活用のしやすいシステムを維持することが重要です。

3-9-2 変更管理タスクのインプット

変更管理タスクのインプット情報を**図表3-32**に示します。

図表3-32　変更管理タスクのインプット情報

インプット情報	概要
変更申請・承認プロセス	変更管理を実施する上でアプリケーション開発者との間で共通のルールとなるものです。変更管理を始める時期や、開発時およびカットオーバー後の変更管理の体制と役割分担についてもこれに含みます。変更申請・承認プロセスは、変更管理を始める前に用意しておく必要があります。変更管理の開始前のしかるべきタイミングで関係者に周知し、変更管理開始後はこのプロセスに沿った運用を徹底します
変更申請	他の変更管理と同様に、データ関連成果物の変更管理についても変更申請に基づいて実施します。変更申請のない状態でデータ関連成果物を変更してはなりません
変更前のデータ関連成果物の正本一式	他との関連や影響の調査が必要なため、変更申請対象だけでなくデータ関連成果物の一式が必要となります。リポジトリーに管理されている正本を用います

3-9-3 変更管理タスクの詳細説明

データ関連成果物の変更管理プロセスそのものは、アプリケーションの設計書の変更管理と大きく変わりはありません。変更による影響範囲の調査に留意し、変更申請内容をうのみにせず、データ関連成果物全体を俯瞰したチェックを徹底することが重要です。

（1）開始時期の通知（事前準備）

データ関連成果物ごとに変更管理を開始する時期を定め、それを関係者に通知します。データ関連成果物の変更管理は、アプリケーションの設計書の変更管理と同様に、システム再構築の途中段階から始めます。成果物の作成中から変更管理を始めてしまうと作成スピードを低下させることにつながる一方で、すべての完成を待って変更管理を始めないままでいると、他の成果物と整合しない形で作成が進むことによる手戻りのリスクが増加します。データ関連成果物ごとにある程

度内容が固まって受け入れた段階から始められるよう、あらかじめ開始時期について計画し、その内容を関係者に周知しておきます。

(2) 変更管理タスクの運用

アプリケーションの設計書の変更管理と同様に、以下の4つのSTEPで運用します。

STEP1　変更申請の受け付け

アプリケーション開発者からのデータ関連成果物の変更申請を受け付けます。申請内容を記述する申請フォーマットを定め、それをアプリケーション開発者に事前に周知し、変更の際には必ず申請フォーマットを用いてもらうよう依頼をします。

STEP2　変更申請内容の確認および諾否の回答

データ管理の担当者は変更申請内容を確認し、変更内容が妥当かどうかをチェックします。変更対象となるデータ関連成果物だけでなく、他のデータ関連成果物との整合についても確認します。確認の結果、承認とする場合はその旨をアプリケーション開発者に回答します。不備があるなどの理由で変更を受け付けない場合は、その理由とともにアプリケーション開発者に回答をします。

STEP3　変更内容の正本への反映

申請内容に基づき、データ管理の担当者が変更内容をデータ関連成果物の正本に速やかに反映します。

STEP4　関係者への変更内容の周知

変更した内容は速やかに関係者に周知します。周知に当たっては、変更内容をまとめた補助資料をつくる場合もあります。複雑な変更の場合は、確実な周知のために変更内容についての説明会を設けることもあります。

3-9-4　変更管理タスクのアウトプット

　変更管理タスクによって作成されるアウトプットは**図表3-33**の通りです。

図表3-33　変更管理タスクのアウトプット

アウトプット	概要
変更申請に対する諾否回答	アプリケーション開発者からの変更申請に対して、応諾するか拒否するかを回答します。変更申請フォーマットに諾否回答の欄を設けて記入することが多いです
変更後のデータ関連成果物の正本一式	応諾した変更申請の内容を反映したデータ関連成果物一式を新たな正本として管理します
変更内容を周知する際の補助資料（必要に応じて作成）	関係者に変更内容を周知するに当たって、補助的な説明資料をつくることがあります

3-9-5　変更管理タスクの留意点

　変更管理タスクを実施する際、次に示す留意点があります。

留意点（1）プロジェクト計画に組み込む

　データ関連成果物の変更管理はプロジェクトの変更管理の一環で実施するため、プロジェクト計画に組み込みます。プロジェクト計画に含まれることで、プロジェクト内で確実にデータ関連成果物の変更管理が実施されるようにします。

留意点（2）スキルを持つデータマネジメント担当者が実施する

　データ関連成果物の変更管理を実施するデータマネジメントの担当者には、データ関連成果物の全容を俯瞰的に把握し、変更による影響範囲が特定でき、データ関連成果物横断で変更内容の妥当性をチェックできるスキルが求められます。データ関連成果物の変更管理の担当者には、変更申請のあったデータ関連成果物のチェックのみならず、

他のデータ関連成果物との間で整合が取れているかのチェックも求められるからです。

　例えば、あるテーブルへのデータ項目の追加申請に対して、その項目に対応する設計データ項目、および、それにひも付く基本データ項目が既に存在しているか、存在していない場合は併せて追加申請されているか、新物理データモデルに表現されているか、新物理データモデルの項目に対応する新論理データモデルの属性は存在するか、といった具合に関連する成果物に影響がないかをチェックをします。成果物間の整合のため、変更が発生した場合は常に新論理データモデルまで立ち返ってチェックします。チェックの結果、申請内容に不備がある場合は申請者に差し戻すか、追加の変更申請を求めます。

留意点（3）クロスチェック体制で実施する

　データ関連成果物を変更したことによる影響は、アプリケーション設計書の変更による影響よりも大きくなる傾向があります。データは様々なアプリケーションで使用され、伝搬されていくため、変更の影響を受ける箇所が多くなるからです。データ関連成果物間の整合を保ち、変更による他への影響のリスクを抑えるため、変更管理の内容確認は2人以上のクロスチェック体制で実施します。

3-9-6　変更管理タスクの工夫点

　実案件で起きた問題などを基に、その際の検討事項や解決策などを工夫点としてまとめます。

工夫点（1）リポジトリー参照ツールの公開

　アプリケーション開発者が既存のデータ関連成果物をあまり確認せず、既に登録されている基本データ項目や設計データ項目を申請して

くることがありました。アプリケーション開発者が設計しようとしているものが既にリポジトリーに定義されていないかどうかを容易に確認できるように、本取り組みではデータ管理の担当者がアプリケーション開発者向けにリポジトリーを検索し、参照できるツールを開発し、公開しました。このツールにより、アプリケーション開発者は事前に使用したいデータ項目が既に登録されているかどうかを検索によって確認できるようになり、登録済みの基本データ項目や設計データ項目の申請を減らすことができました。

工夫点（2）一部施策の中止に伴う手戻りへの対応

スリム化を目指して企画／構想検討フェーズにおいてステークホルダー間で合意した企画の目玉といえるスリム化施策の一部を、後にユーザーが覆したことがありました。現行業務運用の保証を理由としたため、施策は断念せざるを得ず、該当する部分の新論理データモデルを修正して現論理データモデルとほぼ変わらない構造に戻すことになりました。

早い段階で現行業務への影響を把握したつもりでも、後々になって見えていなかったことが出てくることがあります。そのような場合でも、変更管理タスクに従って新論理データモデルに立ち返ってそこから見直すことを徹底し、漏れや不整合がないように努めました。

工夫点（3）変更管理のガイド化

変更管理の進め方を「データ変更管理ガイドブック」としてまとめ、変更管理を行うデータ管理の担当者の活動のベースにするといいでしょう。

3-10 データ品質管理タスク

3-10-1 データ品質管理タスクの概要

　本書のデータ品質管理は、データが求められる品質を保っているかどうか適切なタイミングで計測（アセスメント）し、問題がある場合は改善のアクションを起こし、その効果を新たに生成されるデータで検証するサイクルを継続的に実行する活動と位置付けます。

　データ品質管理では、以下を繰り返し実施します。

(1) データ品質目標の設定
(2) 現状の可視化および問題点・課題の抽出
(3) 改善施策の立案および実施計画の策定
(4) 改善施策の実行
(5) 効果測定および改善施策の評価

　データの品質を高く保つことは、業務上の適切な判断、業務の効率化、新たな価値の創出などを継続的に実施するために必要となるのはもちろん、DX Readyなシステムを維持する上でも重要です。品質の低いデータを扱うアプリケーションは、データの補正やつじつま合わせのために多くの複雑な処理を必要とするものになります。品質が低いデータを利活用しようとすると、多くの試行錯誤と前処理が必要になります。品質が低いことに気付かずそのまま利活用すると、誤った判断や不利益を招きます。DX Readyなシステムを維持する上でも、データの品質を高く保ち続けることが求められます。

3-10-2 データ品質管理タスクのインプット

データ品質管理タスクのインプット情報を**図表3-34**に示します。

図表3-34　データ品質管理タスクのインプット情報

インプット情報	概要
データ品質管理プロセス	データ品質管理を実施する上で、関係者間でそのプロセスについて共有するものです。データ品質管理の進め方の他、実施サイクル、実施体制と役割分担もこれに含みます。データ品質管理開始前までに作成し、しかるべきタイミングで関係者に周知し、データ品質管理を実施する際はこのプロセスに沿った運用を徹底します
品質管理対象の実データ	実データは品質を測定される対象そのものです。品質を測定する対象がなければ、品質管理は始まりません。データ品質を測定する対象の実データを特定し、それにアクセスできる環境を整えます
データ関連成果物一式	データ品質の測定には、測定対象の実データだけでなく、実データを規定し説明するデータが必要となります。データマネジメントではこれをメタデータと呼び、データの品質を測定するものさしとして使用します。何が正しい姿なのか、どのような基準をもって品質が高いとするかを規定し説明するメタデータがなければ、実データが求められる品質を満たしているかどうかを判断できないからです。新論理データモデルをはじめとするデータ関連成果物は、データ品質の測定に用いるメタデータの一部となります。データ関連成果物によって表現されるデータの定義や説明や制約をメタデータとして、実データがその通りに格納されているかどうかでデータの品質を測定します
データ品質に対するステークホルダーからの要求（初回アセスメントでは任意）	実データ、メタデータとしてのデータ関連成果物の他に、ステークホルダーからの要求もインプットとします。ステークホルダーがデータに求める品質要求は、データ品質の目標設定に使用します。データ品質目標は必ずしもデータ関連成果物には表現されていないため、データの品質の現状を踏まえてステークホルダーから要求を引き出すことが求められます。初回アセスメントでは任意としている理由は、初回アセスメントの実施前ではまだデータの現状を把握できておらず、ステークホルダーが事前にデータ品質に対する明確な要求を引き出せる状況にないことがあるからです

3-10-3 データ品質管理タスクの詳細説明

（1）データ品質目標の設定

　データ品質の現状とステークホルダーからのデータ品質要求に基づき、データ品質目標を設定します。データ項目の単位、テーブルの単位、複数テーブルにまたがってつなげることで意味を成すデータセットの単位など、目標を定める対象に合わせて目標値を設定します。

例えば、現システムにおいて値が未設定の状態を許容しない定義を持つデータ項目について、値の充足度を測ったところ約5%の割合で空白（ブランク）が設定されていることが分かったとします。定義は正しく、未設定の状態をなくすことがステークホルダーからの品質要求とすると、次のシステムに移行するまでに空白（ブランク）が設定されているものがない状態にする、つまり充足度を100%とすることがこのデータ項目に対する品質目標となります。

　データ品質管理を始めるに当たってデータ品質の現状を把握できていない場合は、品質目標の設定は困難となるため、あえてこのプロセスを後回しにします。

（2）現状の可視化および問題点・課題の抽出

　データ品質の現状の可視化は、第2章で述べたデータプロファイリングの技術を活用して進めます。データプロファイリングで抽出したデータの問題点・課題を抽出して、課題管理表にまとめて一覧化します。個々の問題点・課題について影響調査、原因分析を行い、対応の優先順位を決めます。

（3）改善施策の立案および実施計画の策定

　データの問題点・課題への対応の優先順に従って改善施策を立案し、それを実施する計画を策定します。データ品質目標が定まっている場合は、期日までに目標を達成する計画を立てます。データ品質目標の設定を後回しにした場合は、新システムに移行するまでの間にどの問題点・課題にいつの段階で何をどこまで対応するか計画します。

（4）改善施策の実行

　実施計画に従って、データ品質の改善施策を実行します。システム再構築の場合、各プロセスで段階的に実行します。システム再構築に

おける典型的な実施内容としては、以下の通りです。

- データプロファイリング結果に基づき、必要に応じてデータ定義を見直す。
- データ定義を見直した場合はその結果をデータ関連成果物に反映する。
- データプロファイリング結果とデータ関連成果物に基づきデータ移行の方針・仕様を定める。
- データ移行の前か途中か後のいずれかでデータ定義に沿う形に実データを修正（クレンジング）する。

（5）効果測定および改善施策の評価

　改善施策が有効だったかどうかの効果測定を、施策実行後に新たに生み出されるデータを用いて評価します。システム再構築の場合、移行後のデータに対するデータプロファイリングで改善施策が有効に機能したかどうかを検証します。カットオーバー後は、定期的なデータプロファイリングにより、データ品質目標に対する達成状況をモニタリングします。

3-10-4 データ品質管理タスクのアウトプット

データ品質管理タスクのアウトプットは**図表3-35**の通りです。

図表3-35　データ品質管理タスクのアウトプット

アウトプット	概要
データプロファイリング結果	データ品質の測定結果は、データプロファイリング結果としてアウトプットされます。施策実施後の効果測定結果も、データプロファイリング結果としてアウトプットされます
課題管理表	データプロファイリング結果からデータの問題点・課題を抽出し、それによる影響の調査、原因分析を実施し、一覧にまとめます
データ品質リポート	データ品質のアセスメント結果をステークホルダーへの報告リポートとしてまとめます。データプロファイリング結果と課題管理表は、詳細情報としてリポートに添えます。リポートに基づき、改善施策の立案につなげます
改善施策および実施計画	データの問題点・課題ごとに改善施策を立案し、実施計画を立てます。システム再構築の場合は、システム再構築を通じて改善するという位置付けで、実施計画はシステム再構築プロセスそのものと同等として、実施計画の詳細を省くこともあります

3-10-5 データ品質管理タスクの留意点

データ品質管理タスクを実施する際、次に示す留意点があります。

留意点（1）初回アセスメントを実施する

データ品質管理を初めて実施する場合は、初回のアセスメントとして現状の可視化および問題点・課題の抽出から始めます。一度も品質測定をしていない、すなわち現状の把握ができていない状態でデータ品質の目標を設定したり、改善施策を検討したりすることは非現実的だからです。システム再構築においては、企画／構想検討フェーズで実施する現データプロファイリングが初回アセスメントに相当します。

留意点（2）取り組みの優先順位を決める

データ品質の向上は、優先順位を決めて取り組みます。データ品質

は高いに越したことはありませんが、データ品質を高めるには相応の労力がかかります。業務の効率化やDX Readyなシステムの維持につながる取り組みを優先して実施すべきです。やみくもに実施するのではなく、放置しておくと影響が大きいものや、実施後の効果が得られやすいものなど、リスク低減効果やメリットを得やすい取り組みを優先して実行することが重要です。

留意点（3）データクレンジングのプロセスを見直す

　現状のシステム開発において、データ移行をする段になって初めて移行対象データの中身を確認し、データクレンジングをする段取りになっている場合は、データ品質管理タスクに従うように見直します。本来データプロファイリングで気付けているはずのデータの問題が"予期せぬデータの混入"としてデータ移行時になって判明し、データ設計やアプリケーション設計の手戻り、小手先のデータ修正やアプリケーション修正による処理の複雑化、新・旧システム間でのデータの不一致など様々なトラブルを生み出します。クレンジングをする前に、データ定義を見直し、データ関連成果物に反映させ、データ移行方針・仕様を定めます。

▎3-10-6 データ品質管理タスクの工夫点

　実案件で起きた問題などを基に、その際の検討事項や解決策などを工夫点としてまとめます。

工夫点（1）データ品質管理プロセスの準備

　データ品質管理は本取り組みでは初実施となったため、定められたデータ品質管理プロセスは存在せず、これを新たにつくることから始めました。既に初回アセスメントに相当する現データプロファイリングは実施していたため、これを適切なタイミングと周期で継続的に

実施するサイクルを定めました。これを「維持フェーズにおけるデータ品質確保ガイドブック」としてまとめ、データ品質管理活動のインプットとしました。

工夫点（2）データ品質評価軸の設定

　データ品質を評価する観点には、正確性、完全性、一貫性、最新性、理解性などが挙げられます。このような評価軸のままでは評価の仕方や判断基準が人によってバラつくなど、評価方法が一定に定まらないことが懸念されたため、評価軸とデータ品質管理活動を対応付けることで、データ品質向上に向けて具体的に何を実施すればいいかを定めました。

　これも「維持フェーズにおけるデータ品質確保ガイドブック」にまとめ、データ品質管理活動のインプットとしました。例えば、正確性に関しては「意味的な誤りがないこと」を「イリーガル定義、ダブルミーニングに該当しないか」どうかで評価することにしました。

第 4 章

DX Readyから
DXへの道筋

4-1 バックキャストと論理データモデルであるべき姿を描く

　本章は、基幹システムをDX Readyにした後について触れたいと思います。なぜ基幹システムをDX Readyにするかといえば、自社のDXを進めるためです。そこで本章では、DXへの道筋について説明します。

　これまでは、システム部門としても基幹システムとしても、自社のDXをリードできる状態とは言いづらかったと思いますが、DX Readyになればリードすることができます。本書で紹介している基幹システムの再構築方法は、データマネジメントのうちデータモデリングとデータプロファイリングを活用したことが特徴です。これらにより、データ品質を高めるとともに、データ品質が低い部分の考察を通して、現在となっては過剰となった機能を削減することができます。この「削減部分」は、DXへのリソースを捻出できる部分といえます（図表4-1）。

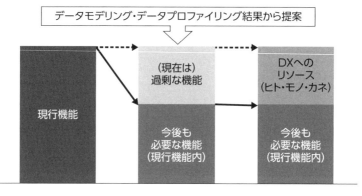

図表4-1　DXのリソース捻出

フォアキャスティングとバックキャスティング

　DXを実現するには、現状抱えている業務課題の解決はもちろんですが、経済産業省のDX定義にあるように「業務を変革する」ために、少し先の将来を見据えた活動も必要です。そこで、現状の課題から見えている「フォアキャスティングの観点」と、少し先の将来から見たときの「バックキャスティングの観点」の双方向で未来を描くことが必要です。

　バックキャスティングの観点が必要な理由は、あるべき姿へ向かった活動を洗い出すためです。少し極端な例ではありますが、例えば、筆者が将来パン屋を経営しようという未来図があるとき、現在のシステムエンジニアという職種の課題解決の延長線上に、パン屋を開業するためのタスクや検討課題は出てきません。システムエンジニアとしての課題は解決する必要すらありません。

高解像度の未来を描く方法

　「バックキャスティングの観点」は欠かせないのですが、未来ビジョンの解像度は低くなりがちで、具体的な活動の一歩目がなかなか踏み出せないものです。そこで以下では、高解像度の未来を描く方法を説明します。

　役立つのは前章までに説明したDX Readyの活動です。現・新論理データモデルと現データプロファイリングの結果を用いると、描いたビジョンの解像度を上げることができます。作業の流れはこうです。「(1) 少し遠い未来」をメンバーで共有し、そこから自分たちの未来を想定してビジョンを描きます。ビジョンとまでいかなくても将来のカギとなるキーワードでもよいです。そこからバックキャスティングの観点で、「(2) 近未来のあるべき姿」を描いていきます。そして、近未来のあるべき姿に「(3) 必要なデータ」は何か、そのデータを明確化

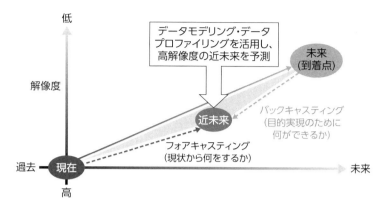

図表4-2　データによりビジョンの解像度を上げる

しながら、あるべき姿をブラッシュアップするという流れになります（**図表4-2**）。

　想定する未来が何年後なのかは各社の置かれている状況によりますが、目安として「遠い未来は」は20年後、「近未来」は5年後くらいを想定するのがよいでしょう。

（1）少し遠い未来

　「（1）少し遠い未来」は、世の中に発表されている「メガトレンド」を参考にします。チームメンバーとメガトレンドを共有した上で、「自分たちの業界が将来どう変化するのか」「その業界の変化の中で、自社（または自部署）はどう変化するのか」を考え、思いつくままにキーワードを出していきます。ポイントは、思考を軟らかくすることです。そうしないと、つい現実に引っ張られてしまい、フォアキャストの観点から抜け出せないからです。

　思考を軟らかくする方法はいろいろあります。例えば、「メガトレンドに触れる前に『YES、AND法』などのレクリエーションを行う」

「日常業務の連絡が入らないようにして、いつもと違う場所で考える」
「外部からファシリテーターを招く」など、少しでも日常業務から離れた環境を整えます。

　キーワード出しで重要なのは「書き出す」ことです。見える化すればさらなるアイデアにつながります。また、突拍子がないようなキーワードが出たとしても、決して否定してはいけません。否定してしまうと、意見を出しづらくなってしまい、メンバーの思考の幅を狭めてしまいます。

(2) 近未来のあるべき姿

　「(2) 近未来のあるべき姿」では、バックキャスティングの観点で5年後の業界や会社を想定します。その想定から、自部署の業務のあるべき姿を描いていきます。そこに、フォアキャスティングの観点で現状の課題がどう関係するか、そもそも解決しないといけない課題なのかという観点も含めて議論し、必要に応じあるべき姿に織り込みます。

(3) 必要なデータ

　そして、5年後の業務のあるべき姿を実現するために「(3) 必要なデータ」を洗い出します。洗い出すときは現・新論理データモデルを参考にして、現在保有しているデータか、将来手に入るデータかを確認します。将来手に入るデータなら、どのような施策を実施すれば手に入るかを検討します。

　この「必要なデータの明確化」を実施することで、解像度が高まります。あるべき業務を支えるのに必要なデータを明確にし、不明瞭なデータを手に入れる施策を立案することで、5年後の業務やシステムのあるべき姿がクリアになっていくのです。「解像度を高める」とは、業務をあるべき姿に変革するために必要なデータ、そのデータを保有

図表4-3　あるべき姿を描く大まかな流れ

するための施策を明確化することであり、あるべき姿への変革の道筋をつけるということです（**図表4-3**）。

4-2 段階的なDX計画

　ここまでの説明で、DXのビジョンが明確になったと思います。ここからは、そのビジョンを具体化するDX計画の策定について説明します。

　前節で、5年後のあるべき姿の解像度を高めるために必要なデータを明確化しましたが、もちろんすべてのデータが現在の業務やシステムで保有しているわけではなく、今後の施策を実施することで手に入るであろう、現時点では不明瞭なデータもあります。このように不明瞭なデータも入り交じっているため、DX実現に向けて、段階的な計画を立案します。

　1段階目の計画では、現在保有しているデータで実現できる施策に限定します。そして、1段階目の施策を実施することで手に入るデータを想定し、2段階目の計画を立案します。同様に3段階目の計画は、2段階目の施策を実施することで手に入るデータを基に立案します。こうして、最終的にビジョンにたどり着くまでの段階的な計画を立案します。

　1段階目の計画は改善レベル、もしくは単なるデジタル化に見えることが多いですが、重要なのは「DX実現に向けた、現実的な一歩目」の計画だということです。1段階目の結果を見て2段階目の計画を修正し、同様に3段階目以降の計画を修正し、DXを推進していきます。状況により計画は変化しますが、こうした計画は「DX実現に向けた最短距離の計画年表」だと考えています（**図表4-4**）。

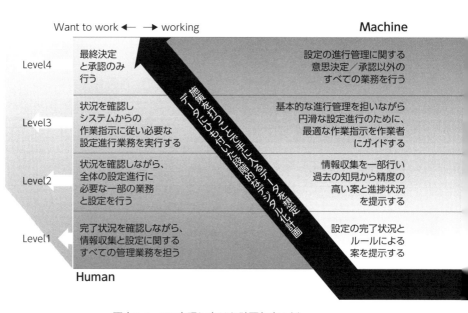

図表4-4　DX実現に向けた計画年表の例

a. 進捗状況やリスクが、非常に高い精度で可視化できる
b. 人に依存している暗黙知の情報からも「集めるべき情報」を収集できる
c. 非常に高い精度で、進行管理に関する様々なタスクをサジェストできる

2026
n cycle

a. 変更における影響度や影響範囲を可視化し必要なタスクが可視化できる
b. デジタル化されていないアナログな情報からも「集めるべき情報」を収集できる
c. 過去の失敗や成功事例を基に、設定内容や判断方法をサジェストできる

2024
n cycle

a. 進捗と不足状況が可視化できる
b. システムのDBおよびデジタル化された情報から「集めるべき情報」を収集できる
c. 過去のプロセス、知見から設定時により高い精度の候補をサジェストできる

2022
n cycle

2020
n cycle

**DX1段階目の施策が現データとひも付いて
いるため具体的な一歩目が踏み出せる**

Now

4-3 日本ならではのDXへの道筋

　ここまで説明したことの全体像を描き、DXへの道筋を示したいと思います。本書で紹介してきた基幹システムのDX Ready化アプローチでは、システムの中にあるデータの構造と中身を把握し、分析することで、システムを変化に柔軟に対応できるようにシンプル・スリムにしました。それは、DX実現フェーズの前に位置付けられます（**図表4-5**）。その活動の中では、データモデリングやプロファイリングなど、データマネジメントの一歩目を踏み出しています。

　別の視点で、本アプローチを見てみましょう。情報をまとめるフレームワーク「DIKWモデル改造」※に本書のアプローチを透かして見てみると、複雑で肥大化したシステムに存在していたデータを、データモデリングとデータプロファイリングを中心としたデータマネジメ

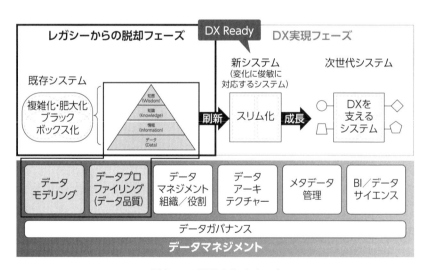

図表4-5　活動全体イメージ

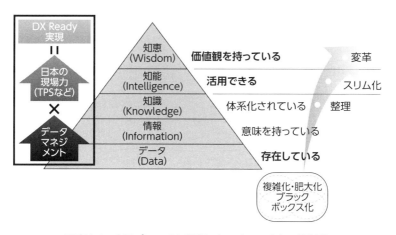

図表4-6　本アプローチと情報フレームワークとの関係性

ント活動により「知識」として体系化し、整理・活用する準備をして
きたことになります（**図表4-6**）。

※ DIKWとはデータ（Data）、情報（Information）、知識（Knowledge）、知恵（Wisdom）から成
　るモデルで、それに知能（Intelligence）を加えたモデル。

　それは、トヨタ生産方式の「ムダ取り」の考えに通底しています。
日本だからこそ手に入れることができるデータや現場力があります。
データマネジメントに、これまで日本で培われてきた現場力が合わ
さったとき、日本ならではのダイナミックなDXを実現できると考え
ています。

第 5 章

データマネジメント
との関係

5-1 データマネジメント全体像と基幹システム再構築・維持

　基幹システムをDX Readyにするために、本書では「データマネジメント」の考え方をベースにしています。そこで本章では、データマネジメントとは何か、DX Readyを目指す基幹システムの再構築・維持の各プロセスにおいて、特に関わりの深い部分について説明します※。

※ データマネジメントに取り組むには、企業トップのコミットメントや、データマネジメントの実行組織・統制組織の組成、組織変革など企業内の組織活動が重要です。

　データマネジメントには、「DAMA-DMBOK（Data Management Body of Knowledge）」という知識体系があります。これは、DAMA Internationalというグローバルなデータマネジメントコミュニティーがまとめた、データマネジメントに関する知識体系です。一般社団法人データマネジメント協会日本支部（DAMA日本支部）がDAMA-DMBOKの2ND EDITIONを翻訳した「データマネジメント知識体系ガイド第二版」※によると、データマネジメントとは「データとインフォメーションという資産の価値を提供し、管理し、守り、高めるために、それらのライフサイクルを通して計画、方針、スケジュール、手順などを開発、実施、監督することである」と述べています。本章は「データマネジメント知識体系ガイド第二版」を参考にしていますので、以下、同書の引用がいくつか登場します。

※ DAMA. Earley, S., & Henderson, D., Sebastian-Coleman, L (Eds.). The DAMA Guide to the Data Management Body of Knowledge (DAMA-DM BOK). Bradley Beach, NJ: Technics Publications, LLC. 2017.（DAMA日本支部, Metafindコンサルティング株式会社（監訳）. データマネジメント知識体系ガイド第二版. 日経BP. 2018.）

　DX Readyに向かうには、データの資産価値を高めて利活用しやすい状態を維持する、データマネジメントの継続的な活動が不可欠です。データマネジメントの観点から言えば、「基幹システム再構築を契機

にDX Readyに向かうために必要なデータマネジメントの諸活動を取り入れ、システム維持とともにデータマネジメントの諸活動を継続していく」ことになります。ビジネスの変化に合わせて既存の蓄積されたデータを扱いやすくし、新たなデータと組み合わせて利活用することでビジネスを拡大していく、その取り組みを支える仕組みを刷新して維持する、すなわち基幹システムの再構築から維持に至るまでデータマネジメントを継続的に実施することに他なりません。

　データマネジメントの観点がなければ、基幹システムの再構築は単なるシステムの置き換えでしかありません。もちろん、ハードウエアやミドルウエアのライフサイクルの関係上、システムの安定運用のために単純な置き換えが必要なケースはありますが、「今後のビジネス変化に対応する」「競争優位を保つ」「データを活用する」といった目標を掲げた基幹システムの再構築は、データマネジメントを実現し、継続するものとなっていることが求められます。

　データマネジメント知識体系ガイド第二版によると、データマネ

図表5-1　データマネジメントの知識領域

知識領域（英語）	知識領域（日本語）	基幹システムの再構築・維持との関わり（○：深い）
Data Modeling & Design	データモデリングとデザイン	○
Data Storage & Operations	データストレージとオペレーション	
Data Security	データセキュリティー	
Data Integration & Interoperability	データ統合と相互運用性	
Document & Content Management	ドキュメントとコンテンツ管理	
Reference & Master Data	参照データとマスターデータ	○
Data Warehousing & Business Intelligence	データウエアハウジングとビジネスインテリジェンス	
Metadata	メタデータ管理	○
Data Quality	データ品質	○
Data Architecture	データアーキテクチャー	○
Data Governance	データガバナンス	○

ジメントは11の知識領域から成ります。DX Readyを目指す基幹システムの再構築・維持に関わりの深い知識領域はそのうちの6領域です（**図表5-1**）※。

※ 強固で安全なデータベースシステムの構築では、「Data Storage & Operations（データストレージとオペレーション）」と「Data Security（データセキュリティー）」が、複数システム間でのデータ統合やデータ連携運用においては「Data Integration & Interoperability（データ統合と相互運用性）」が重要になります。

　次節では、基幹システム再構築・維持の各プロセスが、上記の6領域とどのような関係にあるのか、その概要を説明します※。DX Readyに向けた基幹システム再構築・維持の各プロセスを実施することで、データマネジメントの基礎を構築し、データをフルに活用できるDX Readyな状態にした後に、その先のDXに向かいます。

※ データマネジメントの各知識領域の詳細については、データマネジメント知識体系ガイド第二版を参照してください。

5-2 システム開発・維持フェーズの プロセスとデータマネジメント の関係

5-2-1 企画／構想検討フェーズのタスクとの関係

(1) 現論理データモデリング

　現論理データモデリングは、データモデリングの手法を用いて、現行の業務・データの仕様や制約を明らかにする活動です。現行の業務・データの仕様や制約は現論理データモデルとして表現され、現論理データモデルはデータを説明するメタデータにもなります。

　データマネジメント知識体系ガイド第二版によると、メタデータは大きく3種類に分類されますが、現論理データモデルで明らかにするのはそのうちのビジネスメタデータになります（**図表5-2**）。ビジネスメタデータはブラックボックス化した基幹システムの仕様の読み解きを可能とし、再構築の際に鑑とする現行仕様のよりどころとなり、データ利活用の際に必要なデータを見つける手がかりにもなります。

　また、現論理データモデリングによって、組織で共有する参照データやマスターデータの現状も明らかになります。組織で共有するデータと基幹システム固有で保有するデータの違いが明らかになることで、参照

図表5-2　メタデータの種類

メタデータの種類	概要説明
ビジネスメタデータ	業務的な意味合いを示すメタデータ
テクニカルメタデータ	システム的な定義を示すメタデータ
オペレーショナルメタデータ	データの処理とアクセスに関するメタデータ

データやマスターデータを組織全体でどのように管理していくか、すなわちMDM（マスターデータマネジメント）の検討のインプットにもなります。

　よって、現論理データモデリングは、データマネジメントの知識領域のうち「データモデリングとデザイン」「メタデータ管理」「参照データとマスターデータ」の活動に寄与します。

（2）現データプロファイリング

　現データプロファイリングは、現データの品質の現状を明らかにする活動であると同時に、データの隠れた仕様や制約の洗い出しにもつながります。これはビジネスメタデータの一部となります。

　よって、現データプロファイリングは、データマネジメントの知識領域のうち「データ品質」および「メタデータ管理」の活動に寄与します。

（3）新論理データモデリング

　新論理データモデリングでは、新しい業務で管理するデータの仕様や制約をデータモデリングで明らかにします。これによって作成された新論理データモデルは、新しいビジネスメタデータにもなります。新しいビジネスメタデータは新システムの業務・データの仕様を規定するものとして扱われます。参照データやマスターデータも新しい姿のデータモデルとして描かれます。

　よって、新論理データモデリングは、データマネジメントの知識領域のうち「データモデリングとデザイン」「メタデータ管理」「参照データとマスターデータ」の活動に寄与します。

（4）段階切替／移行計画

　段階切替／移行計画では、管理対象とするデータを今後どのように

段階的に配置を換えながら管理していくかについて、切替の段階ごとにデータモデルを作成して明らかにします。これはデータアーキテクチャーにおいて作成するとされている、AsIsからToBeへのロードマップになります。ロードマップは、DXに向けた青写真となります。参照データとマスターデータの将来の扱いについても、このロードマップに含まれます。

よって、段階切替／移行計画は、データマネジメントの知識領域のうち「データモデリングとデザイン」「データアーキテクチャー」「参照データとマスターデータ」の活動に寄与します。

以上から、企画／構想検討フェーズにおける各タスクとデータマネジメントの知識領域の関係は**図表5-3**の通りとなります。

図表5-3　企画／構想検討フェーズの各タスクと知識領域の関係

タスク	知識領域（日本語）	説明
現論理データモデリング	データモデリングとデザイン	データモデリングの手法を用いて、現行の業務・データの仕様や制約を明らかにする
	メタデータ管理	現論理データモデルは、現行の業務・データの仕様や制約を説明するビジネスメタデータの一部となる
	参照データとマスターデータ	組織で共有する参照データとマスターデータを、現論理データモデルで表現する
現データプロファイリング	データ品質	データプロファイリングにより、現データの品質を測定・評価する
	メタデータ管理	データプロファイリングによって洗い出される、管理すべきデータの仕様や制約はビジネスメタデータの一部となる
新論理データモデリング	データモデリングとデザイン	データモデリングの手法を用いて、新たな業務・データの仕様や制約を明らかにする
	メタデータ管理	新論理データモデルは、新しい業務で管理の対象とするデータを説明するビジネスメタデータの一部となる
	参照データとマスターデータ	新しい業務で使用する参照データとマスターデータを、新論理データモデルで表現する
段階切替／移行計画	データモデリングとデザイン	過渡期を含む切替の各段階を複数のデータモデルで表現する
	データアーキテクチャー	AsIsからToBeへのロードマップを明らかにする
	参照データとマスターデータ	参照データとマスターデータの過渡期を含む各段階におけるデータ構造をデータモデルで表現する

5-2-2 要件定義・設計プロセスのタスクとの関係

(1) 新論理データモデリング

　企画／構想検討フェーズに引き続き実施する新論理データモデリングでは、データモデリングの手法を用いて新しい業務で管理するデータの仕様や制約を詳細化し、それが新たなビジネスメタデータの一部となります。ビジネスメタデータは新システムの業務・データの仕様をより明確にする他、将来のデータ利活用にも活用されます。参照データやマスターデータのデータモデリングも他と同様に含みます。

　よって、新論理データモデリングは、企画／構想検討フェーズと同様、データマネジメントの知識領域のうち「データモデリングとデザイン」「メタデータ管理」「参照データとマスターデータ」の活動に寄与します。

　なお、データマネジメント知識体系ガイド第二版によると、データモデルには概念データモデル、論理データモデル、物理データモデルの3つの詳細レベルのデータモデルがあるとされますが、本書では論理データモデル、物理データモデルの2つの詳細レベルのデータモデルを作成対象とします。

　基幹システム再構築において、概念データモデルは基本的に作成する必要はありません※。理由は、概念データモデルは論理データモデルの省略形にしかならず、DX Readyに向かう取り組みにあえて作成して使用する必要も、メンテナンスし続ける必要もないからです。

※ 本書での基幹システム再構築は、基幹業務そのものが今までと全く異なるものにはならない、すなわち新たな基幹業務を一から捉え直しをする必要はない前提です。

　概念データモデルが必要となった場合は都度、論理データモデルの

ダイジェストを用意すればよいです。データモデリングツールの中には、表示レベルをエンティティーレベル、主キーレベル、属性レベルの3段階に変更できるものがあります。属性レベルの論理データモデルがあれば、概念データモデルが必要となった場合はツールの表示レベルをエンティティーレベルや主キーレベルに変えればよいです。

また、データモデリングツールの中には、一部のエンティティーを非表示にしたり、ピックアップしたエンティティーのみで部分図を作成したり、任意のエンティティーを選択して部分図を作成したりできるものがあります。主要なエンティティーに絞った概念データモデルが必要な場合は、枝葉のエンティティーを非表示にするか、主要なエンティティーのみで部分図を作成すればよいです。

(2) データ標準化

データ標準化は、データの型決めにより基幹システムにおいて使用するデータの統制を図ることから、データガバナンスの活動に位置付けられます。ただし、データガバナンスは本来、企業トップのコミットメントに基づき、C（Chief）の付く役員※が、各事業部門の理解と支援を伴って、全社レベルで推進するものです。企業トップやCの付く役員がDX ReadyおよびDXに向けてその職責を果たしている前提で、基幹システム再構築・維持におけるデータの統制を全社のデータガバナンスと整合して進めます。

※ CDO(Chief Data Officer)と呼ばれる役職が該当します。Chief Digital Officerと呼ばれるなど、呼称は企業によって異なるため、データガバナンスを効かせる責務を負う役員の役職名で読み替えてください。

基幹システムにおいてデータガバナンスが機能することで、DXに向けたデータ戦略が実行されます。この活動で作成するデータ関連成果物は、メタデータの一部にもなります。これはメタデータのうちビジネスメタデータとテクニカルメタデータに該当します。テクニカルメタデータは、基幹システム再構築において活用されるだ

けでなく、データ利活用において取り扱うデータのシステム的な仕様を明確にします。

よって、データ標準化は、データマネジメントの知識領域のうち「データガバナンス」「メタデータ管理」の活動に寄与します。

（3）新物理データモデリング

新物理データモデリングは、データモデリングの手法を用いて、新システムのデータベースに実装することを前提に、新業務・システムで管理する情報の物理構造を新物理データモデルとして明らかにします。新物理データモデルは、データの物理的性質を説明するメタデータになります。これはメタデータのうちテクニカルメタデータに該当します。参照データやマスターデータの実装にも、新物理データモデルが必要です。

よって、新論理データモデリングは、データマネジメントの知識領域のうち「データモデリングとデザイン」「メタデータ管理」「参照データとマスターデータ」の活動に寄与します。

機能設計、機能詳細化、テスト設計のタスクは、データマネジメントの知識領域と直接は関係しません※。

※ それぞれデータガバナンスを効かせる対象にはなりますが、データマネジメントの知識領域の活動への直接的な寄与はしません。

以上から、要件定義・設計プロセスにおける各タスクとデータマネジメントの知識領域の関係は**図表5-4**の通りとなります。

図表5-4　要件定義・設計プロセスの各タスクと知識領域の関係

タスク	知識領域（日本語）	説明
新論理データモデリング	データモデリングとデザイン	データモデリングの手法を用いて、新しい業務・データの仕様や制約を明らかにする
	メタデータ管理	新論理データモデルは、新しい業務で管理の対象とするデータを説明するビジネスメタデータの一部となる
	参照データとマスターデータ	新しい参照データとマスターデータのデータ構造を、新論理データモデルで表現する
データ標準化	データガバナンス	データの型決めにより基幹システムにおいて使用するデータを統制する（全社のデータガバナンスと整合して進める）
	メタデータ管理	データ関連成果物は、ビジネスメタデータとテクニカルメタデータの一部となる
新物理データモデリング	データモデリングとデザイン	データモデリングの手法を用いて、データベースへの実装を前提に、物理データモデルを作成する
	メタデータ管理	新物理データモデルは、データの物理的性質を説明するテクニカルメタデータの一部となる
	参照データとマスターデータ	参照データとマスターデータの物理データモデルを作成する

5-2-3　移行プロセスのタスクとの関係

データ移行

　データ移行で実施する移行前データプロファイリングは、新システムに移行するデータの提供元となる現行システムにおけるデータ品質を説明するものとなります。また、移行後データプロファイリングは、新システムのカットオーバー前に用意されたデータが当初期待するデータ品質を満たしているかどうかを説明するものとなります。

　データ移行前後で実施するデータの修正（クレンジング）は、データ品質を高める活動そのものです。また、移行後データの品質に関する情報は、ビジネスメタデータの一部になり、メタデータ管理の対象となります。データ品質が明らかになると、基幹システム再構築においてデータの取り扱い仕様がより明確になります。加えて、データ利

活用の際に、そのデータが利活用の目的と合ったものかどうか、欲しいデータなのかどうか、利活用者の判断が容易になります。

　よって、データ移行は、データマネジメントの知識領域のうち「データ品質」「メタデータ管理」の活動に寄与します。

　以上をまとめると、移行プロセスにおけるタスクとデータマネジメントの知識領域の関係は**図表5-5**の通りとなります。

図表5-5　移行プロセスの各タスクと知識領域の関係

タスク	知識領域（日本語）	説明
データ移行	データ品質	新システムで使用するデータが当初期待するデータ品質を満たすかどうか説明する。データの修正（クレンジング）によりデータ品質を高める
	メタデータ管理	移行後データの品質に関する情報はビジネスメタデータの一部で、メタデータ管理の対象となる

5-2-4　維持プロセスのタスクとの関係

（1）変更管理

　システム維持において変更管理を行うことで、データの型決めを徹底し、基幹システムにおいて使用するデータの統制（データガバナンス）を続けることになります。また、変更管理の対象となるデータ関連成果物は、ビジネスメタデータ、テクニカルメタデータとなり、それぞれメタデータ管理の対象となります。

　変更管理における論理データモデル、物理データモデルの維持には、データモデリングの活動が欠かせません。参照データとマスターデータのデータモデリングもこれに含まれます。加えて、変更によって今後のロードマップにも影響が及ぶため、必要に応じてデータアー

キテクチャーの見直しも実施します。データガバナンスが有効であり続け、データマネジメントの諸活動が継続的に実施されることでメタデータが適切に管理され、それを用いたデータ利活用が継続的に可能となります。

　よって、変更管理は、データマネジメントの知識領域のうち「データガバナンス」「メタデータ管理」「データモデリングとデザイン」「参照データとマスターデータ」「データアーキテクチャー」の活動に寄与します。

（2）データ品質管理

　データ品質管理の活動を通じて、データが求められる品質を保っているかどうか継続的に計測（アセスメント）し、問題がある場合は改善のアクションを続けることで、データ品質の維持・向上につながります。データの品質に関する情報は、ビジネスメタデータの一部として管理し、データ利活用者の要求に応じて提供できる、Readyな状態にします。データの品質の維持・管理を継続することは、データの統制（ガバナンス）の活動の一部となります。データガバナンスにより、データが適切な品質を保つことで、データ利活用がしやすく、活用の促進につながります。

　よって、データ品質管理は、データマネジメントの知識領域のうち「データ品質」「メタデータ管理」「データガバナンス」の活動に寄与します。

　以上をまとめると、タスクと知識領域の関係は**図表5-6**の通りとなります。

図表5-6　維持プロセスの各タスクと知識領域の関係

タスク	知識領域（日本語）	説明
変更管理	データガバナンス	データの型決めの徹底により基幹システムにおいて使用するデータの統制を継続する
	メタデータ管理	データ関連成果物を、ビジネスメタデータおよびテクニカルメタデータとして管理する
	データモデリングとデザイン	論理データモデル、物理データモデルを維持する
	参照データとマスターデータ	参照データとマスターデータを、論理データモデル、物理データモデルで表現する
	データアーキテクチャー	ロードマップの変更をデータアーキテクチャーに反映する
データ品質管理	データ品質	データプロファイリングにより、現データの品質を測定・評価する
	メタデータ管理	データ品質に関する情報は、データ利活用者の要求に応じて提供できるよう、ビジネスメタデータとして管理する
	データガバナンス	データの品質の維持・管理もデータを統制する活動の一部となる

5-3 まとめ

　基幹システムをDX Readyにするには、蓄積されたデータの資産としての価値を高めて、新しいデータと組み合わせて利活用しやすい状態を維持する、データマネジメントの継続的な活動が欠かせません。基幹システムの再構築において、DX Readyに向かうために必要なデータマネジメントの諸活動を開始することで、データマネジメントの基礎を構築し、システム維持において、データマネジメントを継続することでデータのフル活用が可能な、DX Readyの状態になります。DX Readyになって初めて、その先のDXに向かうことができます。

　DX Readyやその先のDXに向けて、必要ならば、本書で述べた以外のデータマネジメントの各知識領域の活動も、ぜひ取り入れてみてはいかがでしょうか。

Appendix

データモデルの
表記法と方法論

データモデルはあらかじめ採用を合意した表記法・方法論に従って一貫した形式で作成します。現と新のデータモデルを常に比較参照しながら分析を進めていくため、現新双方のデータモデルは等しいレベルで記述されていなければならないからです。

　ここでは、本書で採用したデータモデルの表記法と方法論を、先に方法論を、続いて表記法の順で説明します。加えて、採用する表記法と方法論によって、図で表現できる業務仕様の限界があることを説明します。読者がプロジェクトで採用する際の参考にしてください。

A-1 データモデリングの方法論

　本書では、データモデリングの方法論として佐藤正美氏が提唱する
TM（ティーエム、Theory of Modelsの略）のバージョン2.0まで[1]を
ベースにしています。TMは表記法と方法論がセットとなっています
が、方法論を採用しています。TMの詳細については、佐藤正美氏の
各著書および株式会社SDIのウェブページを参考にしてください[2]。

[1]「TMの最新バージョン（TM3.0）」(http://www.sdi-net.co.jp/tm-versions.htm　アクセス日：
　　2024-01-04)

[2] 株式会社SDIウェブページ (http://www.sdi-net.co.jp/　アクセス日：2024-01-04)

　本書では便宜上、データモデルに登場する箱はすべて「エンティ
ティー」、箱と箱を結ぶ線は「関係線」、箱を認知する番号もしくはコー
ドは「識別子」、識別子以外の箱に属する項目は「属性」と読み替えて
います。

A-2　データモデルの表記法

　本書では、データモデルの表記法として広く使用されている、IE（Information Engineering）記法をベースにしています。IE記法に前述の方法論で必要とする情報を付加したり、方法論で採用する用語で読み替えたりしています。以下、「エンティティーの表記」「関係線の表記」「サブセットの表記」について説明します。

▎A-2-1　エンティティーの表記

　エンティティーの表記は、**図表A-1**の通りです。上下2段の箱の上にはエンティティー名とエンティティーの種類、箱内部の上段には識別子、箱内部の下段には属性がそれぞれ入ります。エンティティーの種類は、TMに登場する箱の種類のことで、IE記法には存在しないものです。エンティティーの種類によっては、識別子が複数になる場合

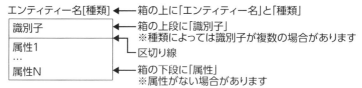

(1)エンティティーの基本形

エンティティー名[種類]　◀──　箱の上に「エンティティー名」と「種類」

識別子　◀──　箱の上段に「識別子」
　　　　※種類によっては識別子が複数の場合があります
　　　　　区切り線
属性1
…
属性N　◀──　箱の下段に「属性」
　　　　※属性がない場合があります

(2)識別子や属性に付加される情報

(FK)　　　識別子の外部参照　識別子や属性の後ろに付きます
(D)　　　 演算による導出項目　属性の後ろに付きます

(3)エンティティーの形

　　　　　角四角形　他エンティティーに依存しないもの
　　　　　角丸四角形　他エンティティーに依存するもの

図表A-1　エンティティーの表記

があります。属性がない場合もあります。

　識別子や属性には、(FK)や(D)が付加されることがあります。(FK)は識別子の外部参照を表し、(D)は演算による導出項目ということを示します。それぞれ、識別子や属性の名称の後ろに付きます。

　エンティティーを示す箱の形は、他エンティティーに依存しないものが角四角形、依存するものが角丸四角形です。依存する、依存しないについては関係線で述べます。

　エンティティーの種類ごとのエンティティー名の命名ルールと命名例は、**図表A-2**の通りです。TMの命名ルールをベースにしています。

図表A-2　エンティティー名の命名ルールと命名例

種類	エンティティー名	例
リソース	エンティティー名 [R]	従業員 [R]
イベント	エンティティー名 [E]	受注 [E]
対応表	エンティティー名1.エンティティー名2.対応表	受注.出荷.対応表
対照表	エンティティー名1.エンティティー名2.対照表	従業員.部門.対照表
再帰表	エンティティー名.エンティティー名.再帰表	部品.部品.再帰表
サブセット	サブセット名	内作部品
多値のOR	エンティティー名.MOR名 [MO]	顧客.電話番号 [MO]
多値のAND	エンティティー名 [MA]	受注明細 [MA]
みなし	親エンティティー名.みなしエンティティー名 [VE]	顧客.顧客備考 [VE]

A-2-2　関係線の表記

　関係線の表記は、**図表A-3**の通りです。関係線は、関係元となるエンティティーと関係先となるエンティティーを結ぶ線です。

　関係線には実線と破線の2種類があります※。実線は、関係元のエンティティーに依存することを示します。破線は、関係元のエンティ

(1)関係線の種類

①実線　関係元のエンティティーに依存することを表す
　　　　　関係先のエンティティーの箱の上段に、関係元のエンティティーの識別子が
　　　　　引き込まれる

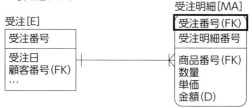

②破線　関係元のエンティティーには依存しないことを表す
　　　　　関係先のエンティティーの箱の下段に、関係元のエンティティーの識別子が
　　　　　引き込まれる

(2)関係線のカーディナリティーとオプショナリティー

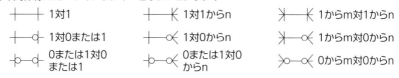

図表A-3　関係線の表記

ティーには依存しないことを表します。実線を引いた場合、関係先の
エンティティーの箱の上段に、関係元のエンティティーの識別子を引
き込みます。関係先のエンティティーの形は、角丸四角形になります。
引き込んだ識別子には(FK)が付きます。破線を引いた場合、関係先
のエンティティーの箱の下段に、関係元のエンティティーの識別子を
引き込みます。関係先のエンティティーの形は変わりません。引き込
んだ識別子には(FK)が付きます。

※ TMでは関係線の区別はしていませんが、引き込んだ識別子をその先のエンティティーにも引き
　込むかどうかを区別する必要があるため、採用しています。

　関係線はカーディナリティー（多重度）とオプショナリティー（選

択性）によって、形が変わります。縦棒は多重度が1となることを表し、鳥の足のような形は多重度が複数（nまたはm）となることを表します。白抜きの丸は0の場合があることを表します。

A-2-3 サブセットの表記

サブセットの表記は、**図表A-4**の通りです。IE記法ではサブタイプと呼ばれるものですが、TMの方法論に従ってサブセットと呼びます。サブセットのエンティティーには、エンティティー名の位置にサブセット名が入ります。サブセットの箱に種類は付けません。元のエンティティーとサブセットのエンティティーを結ぶ線上にある、上半円の中に×印のついた記号は排他的OR関係（互いに重なり合う要素が存在しないこと）を表します。記号の右横にはサブセットを分割する区分となる属性を記述します。

サブセットを分割する区分となる属性がなく、サブセット同士の属性の差によってサブセット分割される場合は、「Null(差となる属性)」と表現します。

(1) サブセットの基本形

エンティティー名[種類]

識別子
区分となる属性 その他の属性 …

△× 区分となる属性

サブセット名1	サブセット名2
識別子(FK)	識別子(FK)
属性1 属性2	属性3

(2) 区分となる属性が存在しない場合のサブセット

エンティティー名[種類]

識別子
その他の属性 …

△× Null(差となる属性)

サブセット名1	サブセット名2
識別子(FK)	識別子(FK)
	差となる属性

図表A-4　サブセットの表記

A-3 データモデルで表現できる業務仕様の限界

　データモデルの図で表現できる業務仕様の限界は、採用する表記法と方法論によって決まります。図に表現し切れない業務仕様は、図中のエンティティーや関係線、識別子や属性などの各要素の定義や説明に記述するか、その他の図を使用して記述します。市販のデータモデリングツールには、各要素に定義や説明を記述する機能を持つものがありますので、活用するとよいでしょう。

　記述対象とする業務によりますが、データモデルの図と、各要素の定義と説明で業務仕様の大半を記述することができます。その他の図表や数式を用いる場合は、より厳密さが求められる仕様に限って記述するとよいでしょう。

　データモデルの図だけでは表現し切れない仕様の代表的な例を、**図表A-5**にまとめて紹介します。

　図の (1) では、受注明細の「金額 (D)」に注目してください。「金額」に「(D)」を付けることによって他の属性の演算によって導出されることを表現していますが、属性の取り得る値の仕様（受注明細の単価が0より大きい正の数）や、属性間の関係に関わる仕様（受注明細の金額は、単価×数量で決まる）は図で表現できていません。このような仕様は、例えば、属性（この場合は「単価」「金額」）の定義や説明に記述したり、属性間の制約を「金額＝単価×数量」のように数式を用いたりした方がより明確に記述できます。

(1) 属性の値や属性間の仕様

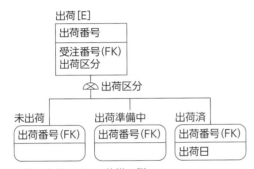

受注 [E]

| 受注番号 |
| 受注日
顧客番号(FK)
… |

受注明細 [MA]

| 受注番号(FK)
受注明細番号 |
| 商品番号(FK)
数量
単価
金額 (D) |

<図で表現できない仕様の例>
・受注明細の単価は0より大きい正の数
・受注明細の金額は、単価×数量で決まる

(2) 属性の値の動的な変化の仕様

出荷 [E]

| 出荷番号 |
| 受注番号(FK)
出荷区分 |

出荷区分

| 未出荷 | 出荷準備中 | 出荷済 |
| 出荷番号(FK) | 出荷番号(FK) | 出荷番号(FK)
出荷日 |

<図で表現できない仕様の例>
・出荷区分が「出荷済」から「出荷準備中」や「未出荷」の状態に戻ることはない

(3) インスタンス数の仕様

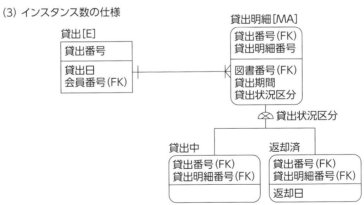

貸出 [E]

| 貸出番号 |
| 貸出日
会員番号(FK) |

貸出明細 [MA]

| 貸出番号(FK)
貸出明細番号 |
| 図書番号(FK)
貸出期間
貸出状況区分 |

貸出状況区分

| 貸出中 | 返却済 |
| 貸出番号(FK)
貸出明細番号(FK) | 貸出番号(FK)
貸出明細番号(FK)
返却日 |

<図で表現できない仕様の例>
・ある会員に同時に貸し出せる図書は、貸出中の図書も含めて最大5冊まで

図表A-5　データモデルの図で表現できない仕様の例

図の (2) では、「出荷区分」より下に示しているサブセットに注目してください。左から右に「未出荷」「出荷準備中」「出荷済」が並んでいますが、これにより、①３つの状態（未出荷、出荷準備中、出荷済）があること、その配置は業務の流れ（イベントの順序）を示しており、②出荷区分の状態が「未出荷」から「出荷準備中」を経て「出荷済」へとおおよそ遷移することを表現しています。しかし、「出荷済」から「出荷準備中」「未出荷」の状態に戻ることはない、といった出荷区分の動的な変化は図で表現できていません。このような仕様は、エンティティーやサブセットの定義や説明に記述するか、状態遷移図（UMLではステートマシン図）や状態遷移表など他の図表を使用して記述します。

　図の (3) では、貸出と貸出明細の間の関係線で「1対1以上」ということが表現されていますが、「ある会員に同時に貸し出せる図書は、貸出中の図書も含めて最大5冊まで」という仕様は図で表現できていません。「関係線の多重度が5を超えることはない」という単純な仕様なら表現できますが、「過去に貸し出した図書のうち貸出中の図書を含めて、同時にその会員に貸し出しできるのは5冊まで」という貸出明細エンティティーのインスタンス数についての仕様ですので、このような仕様は、関係線の定義や説明に記述するか、他の図表や数式を使用して記述します。

おわりに

　本書執筆に当たり、後押しをいただいたデジタル庁の若杉氏をはじめ、貴重な意見交換をさせていただいた柴田氏、根本氏、下山氏、高岡氏、本書を企画いただいた日経ＢＰの中山氏、筆者の拙い文章を校正いただいた松山氏、モデル作成技術の指導と執筆者の心構えについてアドバイスをいただいたSDI社の佐藤氏に感謝いたします。何より、担当プロジェクトにおいて、データマネジメント活動を推進した稲見、また本趣旨を理解してシステム実装にまい進してくれた藤田などプロジェクトの全関係者、そして大変な時期を生活の面で支えてくれた妻、家族にも深く感謝いたします。そして、これからもよろしくお願いします。

　そして最後に、今、本書を手に取ってお読みいただいた読者の皆さんへ感謝するとともにエールを送ります。参考となるプロセスは本書にあります。皆さんの意思でDXへの一歩を踏み出せます。一緒にやりましょう！

著者プロフィール

小野里樹

　大手メーカーの基幹系システムの企画、開発、維持に20年以上携わる。システムの脱規模を念頭にデータ品質を中心としたDX Readyへのアプローチを考案して推進。一般社団法人日本データマネジメント・コンソーシアム（JDMC）や特定非営利活動法人 itSMF Japanのカンファレンスなどでの講演活動を通じて、基幹システムのDX Readyの重要性を訴求している。

　執筆した章：はじめに、第1章、第2章、第4章、おわりに

鈴木庸介

　富士通株式会社勤務。大手企業向け基幹系・情報系システムの企画、開発、維持に10年以上携わる。共通技術部門に異動後、データモデリングを専門とした技術整備および技術支援に約10年携わる。現在は、大手メーカーをはじめ様々な企業のデータマネジメントを技術面から支援する。一般社団法人日本データマネジメント・コンソーシアム（JDMC）会員、一般社団法人データマネジメント協会日本支部（DAMA日本支部）会員。講演活動などを通じてデータマネジメントの普及・推進に向けてまい進中。

　執筆した章：第3章、第5章、Appendix、おわりに

DX Ready基幹システム刷新術

2024年3月4日　第1版第1刷発行	著　　　者	小野里樹、鈴木庸介
	発　行　者	森重和春
	発　　　行	株式会社日経ＢＰ
	発　　　売	株式会社日経ＢＰマーケティング
		〒105-8308
		東京都港区虎ノ門4-3-12
	制　　　作	マップス
	装　　　丁	bookwall
	編　　　集	松山貴之
	印刷・製本	図書印刷

Printed in Japan
ISBN978-4-296-20447-2